U0394832

皮肤的抗议书

安建荣 / 著

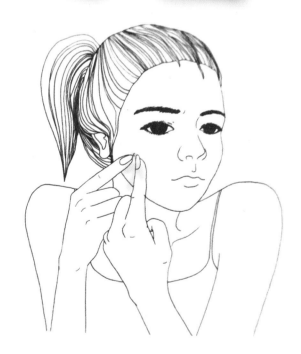

青岛出版社
QINGDAO PUBLISHING HOUSE

梦想成为护肤导师

我立志成为皮肤科医师的最大动力，来自我的自卑感。

我在很小的时候被烫伤，直到现在右脸还留有伤疤。据说是被滚烫的牛奶泼到，不过因为那时年纪太小，已不太记得当时的疼痛感。然而，这无法抹去的伤疤，却让我在成长期感到十分自卑。我非常想靠自己的力量来消除疤痕，因此下定决心要成为皮肤科医师。

刚开始是为了自己，现在却能靠着这微薄之力来帮助其他人，虽然反转有点大，但却让我心怀感激。

决定写有关护肤品的书时，我第一个想到的词是"肌肤屏障"。

皮肤为了保护人体，拥有高度发达的防护功能，这个防护功能就来自肌肤屏障。或许"肌肤屏障"是个有些难懂的概念，但不论在皮肤科学还是护肤领域，它都是非常重要的概念。每个人皮肤防卫机能的状态都不尽相同，因此，了解肌肤屏障才会懂得区分肤质，再据此来选用护肤品，才能真正地呵护我们珍贵的肌肤。

护肤品既能摧毁这层肌肤屏障，也能加强它的防护功能。换句话说，如果正确使用护肤品，皮肤就会变好；要是不清楚自己的肤质，不当使用护肤品，皮肤就会受到伤害。作为皮肤科医师，每次在诊疗室遇到因护肤品副作用受苦的病患时，总会觉得遗憾。除了护肤品使用不当而引发的接触性皮炎，也有很多人因为不清楚自己的肤质随便使用护肤品，而导致皮肤变差。有很多人甚至没有医师处方就乱买药膏回去抹，使得皮肤防护功能被破坏而变成敏感性皮肤。作为皮肤科医师，我觉得帮助这种病患最有效的方法之一，就是通过图书来分享知识。

目前市面上虽然有许多与护肤品相关的书籍，但多由非皮肤科医师的护肤品专家执笔，从专业医师的角度来看，内容缺乏皮肤科学基础。而一般皮肤科医师所写的，又大多是针对皮肤疾病或美容医疗的内容，几乎找不到有关肌肤屏障或美容护肤相关的书。大概是因为对皮肤科医师来说，肌肤屏障也是一个新的概念，因此很难对一般读者解释吧。

然而，让一般人对肌肤屏障有正确的了解，并拥有健康的皮肤，不正是皮肤科医师的责任吗？虽然内容有点难，但是只要能化繁为简，再结合实际详细地予以说明相信大家也能轻松理解。身为皮肤科医师，如果能成为所有人的"美容老师"，何尝不是人生一大乐事呢？

再版修订版的理由

自此书的第一版发行以来，已过三年时间。之所以要在较短的时间内再出修订版，是因为看到很多患者即便使用再贵再有名的护肤品也总出现皮肤过敏，我想为他们排忧解难。他们并没有正确了解自己的肤质。若想正确分析自己的肤质，不仅要分析先天性肤质，而且要分析自己的生活习惯及外部环境导致的后天性肤质。

之前的大部分解决方案是偏向于某一方向的分析，我们经过长时间考虑，通过皮肤基因（DNA）分析和后天的肤质分析（Baumann皮肤类型分析），开发了基于皮肤科学的更准确的皮肤问题解决方案——"我的皮肤导师DNA计划"。

在"我的皮肤导师DNA计划"中，我们分析了1100多人的肤质类型，结果显示，敏感肤质约有920人，占比约为84%。而针对800多人的基因分析结果显示，拥有FLG（丝聚蛋白基因，与肌肤屏障功能密切相关）风险因素的有239人（占比约为30%）。这意味着即使天生基因并不敏感，也会因护肤品使用不当、生活习惯或环境因素而导致皮肤表现为敏感性肤质。我希望将正确的信息传递给这些为后天性敏感皮肤而苦恼的人。

希望更多的人能够正确了解自己的肤质，通过正确使用护肤品，拥有健康的皮肤，过上更加幸福生活。

2018年6月

随着人们对皮肤科学认识的深入，越来越多的人懂得咨询皮肤科医师。此外，因为皮肤美容医学的进步，新的治疗方法及产品不断出现，使得皮肤科医师在医学美容治疗的领域越来越专精。现在有许多的美容达人或非专业皮肤专科医师，都是由非专业变得专业，但有些人说的话似是而非，让人无所适从。

皮肤疾病应由皮肤科医师来诊治，但是人们往往听从所谓美容达人的说法而乱用护肤品。许多人不论是疾病还是保养方面的皮肤问题，都是到了治不好或问题严重了，才会找皮肤专科医师解决。那时大都错过了黄金治疗期，治疗起来事倍功半，无法达到预期效果。

我在自己的门诊中就遇到许多人因使用护肤品不当，越保养皮肤反而越糟糕，而且皮肤状态每况愈下，其中不乏使用非常昂贵的大品牌者。对肌肤保养，安建荣医师开宗明义，指出必须要了解肌肤健康的第一道防护墙——"肌肤屏障"的重要性。他一针见血地点出，皮肤最外层的表皮是肌肤的守护神。

认识及选用护肤品的正确观念非常重要。护肤品就如同药品一样，必须了解后才能使用。护肤说简单也不简单，说难其实也没那么难，关键就是有没有用对方法和能不能了解自己的肌肤状况。一定要了解产品的特色是否适合自己的肌肤属性，这样才能获得最佳效果，也较不会有副作用。

　　现在制作护肤品的工厂非常多，但大多只有化工背景，拥有真正对皮肤有深入了解的专业人员的制造厂少得可怜。安建荣医师表示，想研究制作护肤品也得具备皮肤专科医师的资质，真正了解皮肤才能制造出好的产品，这真是金玉良言。

　　本书既专业又能让一般读者能看懂，涵盖了皮肤科基础医学、皮肤的简单解剖及生理作用、肌肤保养观念等，并能深入浅出导正视听。同样身为皮肤专科医师的我，对这本书的内容非常认同，此大作非常公正且秉持良心，把真正皮肤保养的正确观念带给社会大众，的确是很实用且难能可贵的一本好书。

中华美容暨健发教育学会理事长

赵昭明皮肤科诊所　院长赵昭明

2015年3月29日

　　如今，我们常常为了从品种纷杂的化妆品中找到适合自己皮肤的产品而不断尝试。单纯看品牌效应或者跟风选择产品的时代早已过去，越来越多的消费者变得很理智，只看重产品是否适合自己的皮肤。

　　安建荣博士是皮肤美容的先驱者，他作为皮肤导师在国内外开展了很多有意义的活动。他科学地细分肤质，介绍不同类型的皮肤，做皮肤诊断、开处方，给因不同皮肤问题而苦恼的人们提供定制型解决方案。

　　在本书中，他将介绍自己行医二十多年间，给皮肤疾病患者提供咨询和治疗的过程中收集到的人们对皮肤的误解，同时通俗地讲述皮肤问题管理方法等专业内容，并重点说明肌肤屏障这个关乎皮肤健康的重要概念。

　　希望更多的人通过这本书了解自己的皮肤类型，选到适合自己皮肤的产品，从而如安建荣博士期盼的那样，拥有健康的皮肤、过上幸福的生活。

约翰斯·霍普金斯大学(Johns Hopkins University) 教授

Steve Yang（史蒂夫·杨）

2018年6月

第三章

现在选择的护肤品决定十年后的肌肤状态

第四章

功能性化妆品你用对了吗？

第五章

SOS！注意肌肤发出的警告

后记

参考文献

Skin Mentoring

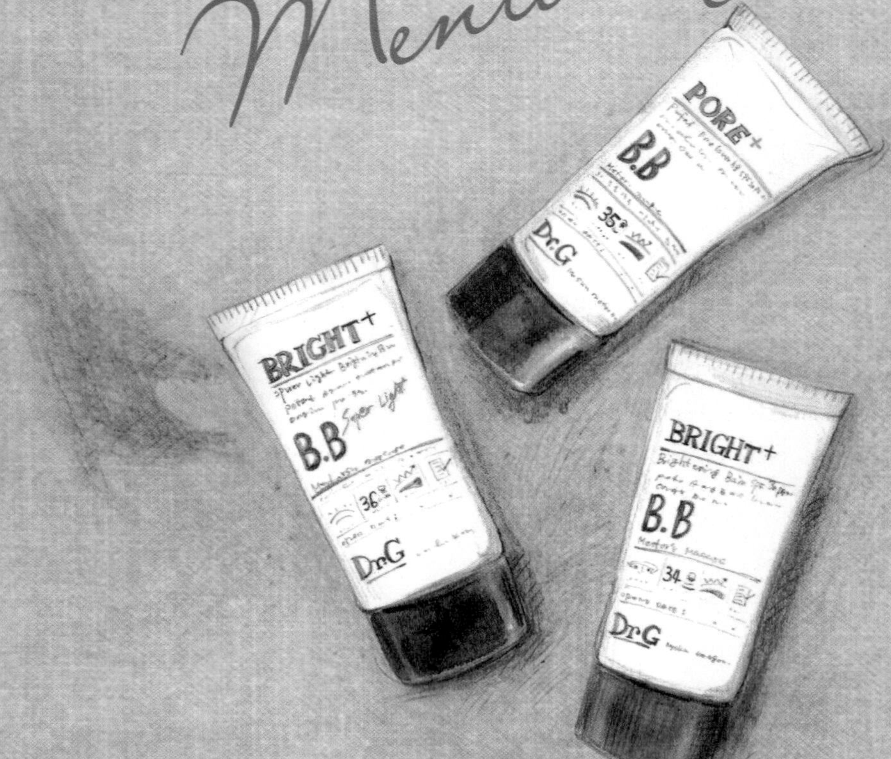

第一章
来自皮肤的抗议：
其实你不懂我的心

　　"常洗脸，洗得越干净越好？""市售的护肤品都含有防腐剂，所以自制护肤品更天然、更好？"事实真的是这样吗？本章将带你走出常见的护肤误区。

Q & A

渴望变美是人的天性。

越漂亮越有竞争力，是亘古不变的"残酷现实"。五千年前的古埃及文献中就已出现护肤相关的内容，由此可见"美"的重要性不亚于吃饭睡觉。护肤品随着历史的洪流不断进化发展，而毫无根据的美肌谣言，也在口耳相传中不停扩散。

现在，我要带大家走出误区，不要一听到"会变漂亮！""皮肤会变好！"这类的话，就做出像被下了符咒一样的行为，坚持错误的生活习惯而不自知。下面我就带大家走出最常见的护肤误区。

1. 多洗脸有助于清洁，对痘痘肌很好吗？

　　痘痘好发于皮脂分泌旺盛的油性肌肤。虽然干性肌肤或敏感性肌肤也会长痘痘，但不如油性肌肤频繁。因为过多的油脂容易阻塞毛孔，才有很多人认为应该多洗脸，甚至认为要使用能让脸部有紧绷感的强力洁面产品洗脸才行。不过这并不是事实。若是因为脸泛油光就过度清洁，反而对痘痘肌不好。

　　肌肤的首要作用是帮助身体抵御外在刺激。经常打沙包的拳击手的手上会长茧，肌肤的保护机制也是同样的道理。如果过度使用洁面产品来清除皮脂，反而会刺激皮脂腺分泌出更多的油脂。更何况，洗脸也会伤害肌肤屏障。一旦肌肤屏障受伤，毛孔入口便会形成厚厚的角质，反而容易阻塞毛孔。而毛孔被阻塞后容易发炎，从而导致痘痘生成。

　　清洁力强的产品大多呈碱性，会让我们的肌肤变成有助于痤疮杆菌（*P. acnes*）滋生的环境。

　　有些痘痘症状严重的人，甚至一天会洗脸5~6次，但是过度清洁只会使痘痘恶化，因此洗脸的次数以一天2~3次为佳（早上、中午与晚上，洗脸后可使用含抑菌成分的化妆水或是痘痘肌专用的产品）。

2.我的皮肤很敏感，适合使用温和的婴儿乳液吗？

　　有不少皮肤敏感的人都因找不到适合的护肤品而苦恼。其中很多人都认为"给婴儿使用的护肤品应该很安全"，因此便选用婴儿用品。这样做的人实在是太不了解婴儿肌肤的特性了。婴儿的皮脂腺尚不发达，因此几乎可以视为干性肌肤（皮脂腺在青春期时会受激素影响而变得发达，因此油性肌肤的形成通常都在青春期后）。

　　虽说有不少干性肌肤的人误以为自己是敏感性肌肤，但是也有不少人因为是油性肌肤，加上常长痘痘、粉刺，而误以为自己是敏感性肌肤。婴儿的皮脂分泌不足，所以婴儿护肤品会添加很多油分。换言之，婴儿护肤品是针对干性肌肤设计的。如果油性肌肤的人使用了含油量高的婴儿产品，原本分泌旺盛的皮脂和产品里的油分混在一起油上加油，反而更容易阻塞毛孔，使痘痘问题变得更严重。因此，请大家记住"婴儿护肤品=干性肌肤护肤品"，而不是"婴儿护肤品=温和"。

3. 用手摸脸的习惯会伤害皮肤吗？

用手摸脸是好是坏，众说纷纭。不过就结论而言，如果你有用手摸脸的习惯，建议还是尽早改掉。下意识地摸脸或揉眼睛的习惯，会让肌肤变得干燥，而且持续性地刺激肌肤，也会伤害肌肤屏障。更严重的是，做出这种不自觉的动作时，大家通常不会特别注意手是否干净，各种细菌和污染物可能会经由手作为媒介，进而引发二度感染。

不过，有意识地用手摸脸就无须担心。把手洗干净以后，以轻柔的动作按摩肌肤或涂抹护肤品，跟不自觉地用手摸脸截然不同。

手是最方便的护肤工具，既能帮助护肤品吸收，也是按摩时不可或缺的道具。然而，当脸上痘痘问题严重或是有伤口时，必须尽量克制自己，不要用手摸脸，万一刺激到痘痘，反而会使情况恶化。更不可随便挤痘痘，否则容易留下痘疤或提高发炎的可能性，这一点必须特别注意。

除了用手摸脸的习惯外，还有一件事要多加留意，那就是有没有定期清洁粉扑和化妆刷。美妆道具上会残留着余粉、灰尘、皮肤老废角质等，因此，每个礼拜至少要清洗一次。要是做不好这些基础管理，就算使用再昂贵的护肤品，也无法打造出无瑕美肌。

服用或涂抹皮肤科的药物会让皮肤变薄吗？

可能引起这种问题的药物有两种：一是用于治疗痘痘的药物异维甲酸（isotretinoin），二是类固醇。

常用来治疗痘痘的异维甲酸，会减少皮脂分泌，使皮肤摸起来相对干燥，干燥又会产生紧绷感，让人误以为皮肤变薄了。

实际上，皮肤并没有变薄。不过，有种药确实会使皮肤变薄，那就是类固醇。类固醇用得好是仙丹妙药，用不好可能会成为致命毒药。皮肤科用的通常是类固醇软膏，这种药短期使用不会有太大的问题，长时间使用，则会引起皮肤变薄、微血管扩张等副作用。药膏中类固醇含量越高，越容易使皮肤变薄。

当痘痘或粉刺情形严重时，只要擦上类固醇药膏，立即就能见效。因此，类固醇以前常被当成家庭常备药品。但是类固醇的药效只不过是一时的效果而已，随着时间流逝，皮肤的抵抗力降低，反而变得更易滋生细菌。在类固醇还没被归类为处方药时，一般人都可以在药店随意购买，完全不需要医生的处方。因为它的效果立竿见影，很多人用上了瘾，结果反而伤害了皮肤。

类固醇容易使皮肤变敏感，甚至会引发微血管扩张。因此，建议尽量避免使用。

如果不是涂抹类固醇软膏，而是服用类固醇，则更容易引发全身性的严重副作用，比如高血压、消化性溃疡、股骨头缺血性坏死、青光眼、白内障等。因此，必须依照医师的处方，在一定时间内适量使用。再强调一次，千万不可在没有医生处方的情况下，擅自使用类固醇。请大家一定要记得：类固醇是处方药。

5. 桑拿或蒸汽浴对皮肤很好吗？

在桑拿室或蒸汽室，经过热腾腾的蒸汽洗礼后，脸颊会微微泛红，看起来气色非常好。不过，如果被这明亮的脸庞欺骗，认为桑拿或蒸汽浴有益肌肤，那可是天大的误会。洗完桑拿后皮肤感觉比较白皙，是因为蒸汽的缘故，加上皮肤长时间暴露在水汽中，会使角质层暂时膨胀，绝对不是皮肤变好了。相反，长时间受热蒸汽刺激，会使皮肤的微血管扩张，毛孔会不知不觉地变大。

6. 纯天然的护肤品比较安全吗？

居家DIY护肤品的优点是"自己以天然成分直接制作，未添加防腐剂，易于吸收，值得信任……"不过，这里头有几个陷阱。

第一个陷阱是天然物质。天然物质不代表绝对安全。居家DIY使用的天然物质多为植物，护肤品公司往往宣称它们"温和不刺激"，但站在皮肤科医生的角度来看，这简直是一派胡言。宣称"植物无刺激"，本身就是错误的。

事实上，在自然界中，没有什么物质比植物更容易引发各种接触性皮炎。有些水果酸性过强，会侵蚀皮肤；有些植物直接涂抹没事，但碰到阳光成分就会发生改变，从而引发过敏反应。就算是一般家庭最常用来镇定肌肤的芦荟也不是完全安全的。研究结果显示，芦荟表皮易引发过敏，必须完整去除表皮后，才能制作成面膜使用。

第二个陷阱是防腐剂。自制护肤品若不含防腐剂确实比较安全，但那仅能维持几天罢了。羟基苯甲酸酯（paraben）这类化学防腐剂虽然争议不断，可是为了防止护肤品腐坏或受到污染，防腐剂仍是必要的成分。防腐剂不单使用在护肤品中，加工食品、药品也一定会添加。如果没加防腐剂，护肤品也会跟食物一样容易腐坏。一旦护肤品受到污染或变质，便会使皮肤感染细菌或过敏。因此，相较于有害性尚未证实的争论，不加防腐剂的危害明显更大。况且，若是每次都要现做现用，那自制护肤品的花费肯定远远超过市售护肤品。

　　第三个陷阱是皮肤吸收度。皮肤表面覆盖着一层名为皮脂和细胞间脂质的皮脂膜，所以不太能吸收水溶性物质，这就是"油水不相溶"的道理。自制护肤品最常使用的维生素C，正是最具代表性的水溶性物质。换句话说，这类成分就算涂再多也只是停留在表面，无法被皮肤吸收。因此，使用维生素C制作护肤品时，通常要将它变为亲油性的形态才行。

7. 流汗会让毛孔变大吗？

常听到有人说"平常不太流汗，毛孔却变粗了"。可见很多人搞不清楚毛孔和汗孔的差别。毛孔，顾名思义是指长出毛发的地方，而不是汗流出来的孔洞。毛孔分泌皮脂（sebum），汗孔则负责排出由汗腺（eccrine sweat gland）制造的汗水。汗流得多不会导致毛孔粗大，汗流得少也不会让毛孔变小。

皮脂和汗水完全是不一样的东西。皮脂是油分，汗水是水分。毛孔可用肉眼看见，汗孔则几乎看不见。分泌皮脂的皮脂腺（sebaceous gland）在毛囊内，和毛发连接在一起。

毛孔　　汗孔

皮脂在皮肤表层保护肌肤不受外部环境刺激，避免细菌感染，并具有滋润肌肤的功能。毛孔的直径为0.02～0.05毫米，会随着季节、年纪而变大。皮脂腺在青春期之前早已存在却不活动，直到青春期，体内激素分泌有了变化，皮脂腺才会变大和分泌皮脂，并将之排出到毛孔外。如果皮脂分泌过多、需要排出的量增加，就会导致毛孔变大，因此油性肌肤较容易有毛孔粗大的困扰。

市售维生素宣称有祛斑效果，是真的吗？

如今，护肤品已从外涂走入内服的时代了。更准确地说，以前是将护肤品涂抹在肌肤上，现在是直接将肌肤所需的营养吃下去。这类产品中最具代表性的，就是口服的玻尿酸和胶原蛋白。

如果说皮肤老化的首要原因是紫外线，第二便是水分不足。水分不足不仅容易使肌肤产生细纹，还会加速肌细胞老化。口服的保湿产品玻尿酸虽然大受欢迎，不过在医学上，它的效果还未被证实。因为大部分的玻尿酸，都会在小肠被吸收，然后分解为微小的单糖，所以很难断定是否能作用在皮肤上。维生素C也是如此。吃再多的维生素C，雀斑或黑痣也不会消失（但依然有广告大张旗鼓地宣称，服用维生素C能消除黑痣或雀斑）。

研究显示，吃进肚里的维生素C只有7％会作用在皮肤上。因此，直接涂抹让皮肤吸收，反而更有效。不过因为胶原蛋白内含有平常难以从食物中摄取到的氨基酸成分，所以用吃的方式来补充也无妨。如果和维生素C一起服用的话，效果更佳。

Skin
Mentoring

第二章

维持美肌的秘密
——肌肤屏障

想要有健康的肌肤，一定要巩固"肌肤屏障"，它是身体的防御膜兼保护膜。到底肌肤屏障在哪里，我们又应该怎么呵护它呢？下面，皮肤科医生将为你深入讲解。

01

皮肤科医师都知道：
"绝对不要搓澡"

* 极其珍贵的肌肤屏障

几年前韩国开始流行起搓澡文化，很多日本和中国的游客都会去体验搓澡。对游客来说，能用粗粗的搓澡巾搓出身体的污垢是相当新奇的体验。他们往往震惊于自己的身体竟然会有那么多的污垢。不过，现在韩国人有减少搓澡的趋势，改以简单的淋浴加上去角质来取代。虽然还是会有人去搓澡，不过次数已不如之前频繁。

如果你是不搓澡就觉得浑身不痛快的人，那么我一定要告诉你一个事实，那就是皮肤科医师都不搓澡。

因为这些被搓掉的"污垢"其实比我们想象得重要，它们是我们身体非常珍贵的一部分，把它们搓掉实在是太可惜了。所以，知道这些污垢有多重要的皮肤科医师们，绝对都不搓澡。

　　搓澡时搓下的污垢就是我们常说的"死皮"，其主要成分是角质细胞。所谓的角质或是角质细胞，指的是堆积在皮肤最外层（表皮）的死亡细胞。我之前一直强调的"肌肤屏障"（skin barrier），就是指这层死皮。以前我们都认为角质只是死亡细胞，没什么重要的作用，但是最近的研究报告显示，这些死掉的细胞并不单纯作为物理性的屏障而存在，而是作为肌肤屏障存在，对肌肤的保湿、免疫与老化有极大的影响。

　　就像大家都对死皮弃如敝屣一般，很多人对"肌肤屏障"的概念也一无所知。这是因为到目前为止，都没有人认真地告诉大家肌肤屏障的功能。不过，使用化妆品或是有肌肤困扰的人一定要知道什么是肌肤屏障。了解肌肤屏障才能了解自己的肌肤，才能选择适合自己的化妆品。

02

皮肤要健康，
首先要巩固"肌肤屏障"

"肌肤屏障"这个词，对一般人来说多少有点陌生。不过，我可以肯定地说，想要维持健康的肌肤，没有比保护肌肤屏障更重要的事了。它如此重要，却很少有人提及，因此，本书尽可能以简单的表述来让大家了解，并且只针对核心部分深入讲解。

肌肤屏障可以说是我们身体的防御膜兼保护膜。它是身体上最先接触到外在刺激的部位，同时也是维持肌肤水分的保护膜。因此，肌肤屏障健康，我们的肌肤才会健康，这是再自然不过的事情了。

那么，肌肤屏障到底是什么呢？它又是由什么物质构成的？简单来说，皮肤最外层的角质层就是我们的肌肤屏障；说得再仔细一点，肌肤屏障位于皮肤最外层的角质层内。

角质层常被称为死皮，难道死皮就是肌肤屏障吗？老实说，的确可以这么想（虽然从医学角度来看略有不同）。所以，我们在洗澡时用力搓下来的死皮，就是珍贵的肌肤屏障。肌肤屏障是由40%的蛋白质、10%～40%的水分、10%～20%的脂质与其他物质所构成的。

皮肤大致可以分成三层：表皮层、真皮层和皮下脂肪层。表皮层位于肌肤的最外层，大部分都由角质形成细胞（keratinocyte）组成。表皮层相当薄，约1mm厚，具体厚度随人体部位不同而异。表皮层除了角质形成细胞外，还有会制造黑色素的表皮内黑色素细胞（melanocyte）与负责免疫反应的朗格汉斯细胞（langerhan's cell，又称表皮深层星状细胞、胰岛梭状细胞，角膜细胞间隙游走细胞）等。

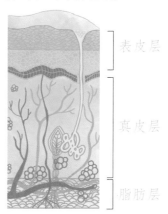

表皮层

真皮层

脂肪层

真皮层则是胶原蛋白所在的位置。不只是胶原蛋白，汗腺、毛发、皮脂腺与毛细血管等皮肤内的附属器官都在这一层。

* 肌肤屏障在哪里？

　　前面提到过，肌肤屏障位于角质层（stratum corneum）内，也就是表皮最外层的位置。角质层是人体接触外部环境的第一层构造，一般由15~30层的角质细胞堆叠而成，不同部位的皮肤角质细胞层数有一定差异。角质层的角质（又称keratin或corneum）由占表皮约90％的角质形成细胞生成。角质形成细胞的终极目标，就是制造角质，换句话说，就是制造肌肤屏障。

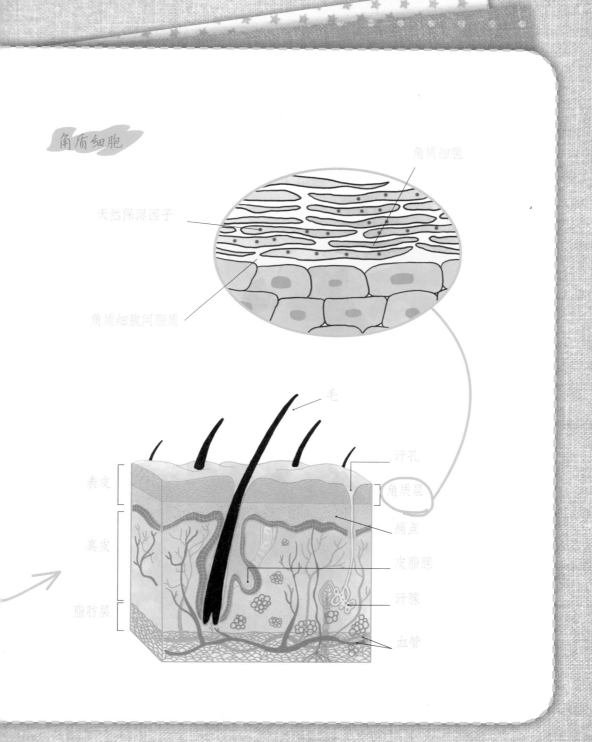

角质细胞

角质细胞

天然保湿因子

角质细胞间脂质

毛

表皮

真皮

脂肪层

汗孔

角质层

痛点

皮脂腺

汗腺

血管

03

认识肌肤屏障的结构，你也能成为护肤专家

　　肌肤屏障帮助维持身体需要的水分，并防御外在环境中有害物质的入侵。现在我们就来看看肌肤屏障是如何构成，又是如何发挥作用的。如果大家了解肌肤屏障，就能够知道自己为何一觉起来肌肤就变糟了，或是为何突然长出粉刺、为何皮肤变干燥了等。

　　角质层除了角质细胞外，还有其他成分。有填满角质细胞间隙的细胞间脂质（intercellular lipid）和覆盖在角质层上的皮脂（sebum），此外还有角质桥粒、紧密连接、抗生物肽等。上述物质和呈弱酸性的环境构成了肌肤屏障。

肌肤屏障的结构

1. 角质细胞
2. 细胞间脂质
3. 角质桥粒
4. 紧密连接
5. 皮脂
6. 抗生物肽
7. 弱酸性pH

如图所示，角质细胞是层层堆叠的，而在角质细胞间的脂质成分就称为细胞间脂质。大家看一下角质细胞和细胞间脂质的结构，不觉得像什么东西吗？这就像砌墙，先叠一层砖头再铺上水泥，一层一层堆叠上去。加州大学旧金山分校（UCSF）的Elias（艾丽娅）教授就曾经把这两者的结构，直接说成是"砖头与水泥结构"（bricks & mortar model）。

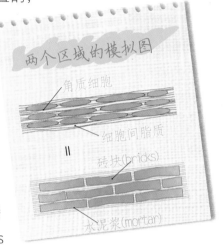

两个区域的模拟图

角质细胞

细胞间脂质

=

砖块(bricks)

水泥浆(mortar)

在砌墙时，要先排列好砖头，用水泥谨慎地填满中间的缝隙，才能盖出坚固的墙。肌肤屏障也是如此，角质细胞要健康并规则地排列好，才能好好地担任屏障的角色。

肌肤屏障模拟图

细胞间脂质（intercellular lipid）

细胞间脂质主要由胆固醇（cholesterol）、神经酰胺（ceramide）、游离脂肪酸和胆固醇硫酸钾盐（cholesterol sulfate）组成。这些成分就像水泥一般紧密地结合，打造出坚固的肌肤屏障。简单来说，它不仅能防止肌肤里的水分蒸发，还可以阻挡外界的细菌或毒素侵略肌肤。

异位性皮炎可以说是肌肤屏障损伤的典型例子，这是角质细胞间脂质发生异常时衍生出的疾病。异位性皮炎产生的原因是神经酰胺严重不足。如果角质层神经酰胺含量不足正常成年人的20％，就会引发异位性皮炎，其最主要的表现就是干燥。

好发在老年人身上的干性湿疹也是肌肤屏障损伤的典型例子。虽然这两个例子的特征都是肌肤缺乏水分，不过它们的成因不同。老年人的干性湿疹不同于异位性皮炎，它是由缺乏胆固醇引起的。

细胞间脂质可以说是肌肤屏障中最重要的成分，医学界对细胞间脂质的研究也越来越多。有研究指

细胞间脂质的种类与功能

1. 神经脂质（sphingolipid）
   细胞间脂质中含量最大的成分，是维持肌肤屏障功能最重要的成分之一，也是神经酰胺的前体。

2. 胆固醇（cholesterol）
   约占表皮脂质的30%，缺乏胆固醇是皮肤衰老伴随干燥问题的主因。

3. 游离脂肪酸（free fatty acid）
   维持角质层的pH呈弱酸性的重要物质。

出，从生理上而言，运用细胞间脂质制作的保湿剂比一般保湿剂更有效。因此，一些厂家也开始开发含有肌肤脂质成分的护肤品。

皮脂（sebum）

如果说细胞间脂质在肌肤屏障机能中担任指挥官的角色，那覆盖在肌肤表面的皮脂就是卫兵了。皮脂站在战场的最前方，防止细菌或霉菌侵略肌肤（抗菌作用），不只如此，它还可以隔离灰尘与化妆品的残留物质，对肌肤进行第一轮的保护，并且还给角质层提供水分以及抗氧化物质。

皮脂和细胞间脂质都是油脂（脂质），它们到底有什么不同？虽然都是油脂，不过皮脂和细胞间脂质的成分并不相同。举例来说，皮脂含有细胞间脂质所没有的角鲨烯（squalene）和蜡脂（wax ester）。大家都知道，角鲨烯在角质层中担任供给抗氧化物质的角色。因为成分不同，皮脂和细胞间脂质的功能也有很大的差异。

04

一张表格，检查出你的肌肤屏障是否受伤了

就算用整本书来说明肌肤屏障，都稍嫌不足，不过我对肌肤屏障的简单介绍就到此为止。本节会告诉读者们，肌肤屏障受损时，身体会出现哪些征兆。还不知道肌肤屏障重要性的人，绝对不能错过。现在就请大家先通过下一页的检测，好好确认自己肌肤屏障的状态吧！

肌肤屏障 测验单

	是	不是
1. 不论什么季节，皮肤都显得干燥粗糙。	☐	☐
2. 皮肤容易泛红。	☐	☐
3. 换季时皮肤变得干燥，角质也明显。	☐	☐
4. 皮肤容易受到刺激。	☐	☐
5. 涂抹特定的产品时，皮肤有灼热感并觉得刺激。	☐	☐
6. 涂抹特定产品30分钟后，皮肤会感觉发痒、刺痛。	☐	☐
7. 最近12个月内曾经为化妆品副作用而困扰。	☐	☐
8. 使用特定的护发品时，头皮感到瘙痒、刺痛并有红肿现象。	☐	☐
9. 脸上容易长粉刺。	☐	☐
10. 皮肤会因为微小的刺激而发痒或泛红。	☐	☐

○ **6~8个**

你的肌肤屏障状态最差！需要找专业皮肤科医师咨询。

○ **4~5个**

现在是需要紧急拯救你的肌肤屏障的时候！放任下去会很危险。

○ **2~3个**

肌肤屏障处在受伤初期！要开始关心肌肤屏障受损的情况了。

○ **0~1个**

你的肌肤屏障指数合格！请持续呵护你的肌肤。

* 缺乏角质细胞间脂质，会引发异位性皮炎

会引起皮肤干燥、瘙痒的异位性皮炎，病因不只是免疫功能异常，更是因为肌肤屏障受损。反过来说，若能努力恢复肌肤屏障的功能，就能改善异位性皮炎。事实上，光是使用能修复肌肤屏障的保湿剂，就能让异位性皮炎大为好转。

异位性皮炎就是角质细胞间脂质缺乏神经酰胺所引起的。一般而言，当神经酰胺中的次亚麻油酸（γ-linoleic acid）减少到不足正常值的五分之一时，即会引发异位性皮炎，还会使肌肤的酸碱值（pH值）由弱酸性转变为碱性。罹患异位性皮炎也是肌肤屏障显著崩坏的证据。健康肌肤的酸碱值呈弱酸性（pH4.5～5.5）。肌肤必须维持弱酸性的状态，才能免受各种细菌等微生物的侵害，也才能维持该有的机能。为了能洗掉灰尘或脏污，洁颜产品大多被设计成碱性产品。如果已经罹患异位性皮炎，持续使用这种碱性的洁颜产品，会导致肌肤酸碱值越来越趋于碱性，让病情恶化。

最近市面上开始出现根据角质细胞间脂质研究成果研发的保湿产品，标榜"肌肤屏障替代疗法"（skin barrier replacement therapy），这是一种和市面上的一般产品全然不同的概念产品。以往异位性皮炎和肌肤干燥都只能用处方药类固醇治疗，现在有了

新的保湿剂，就再也不用担心类固
醇的副作用了。

＊ 毛囊角质化会引起痘痘

进入青春期后，很多人开始为痘痘问题而苦恼。从皮肤病理
学角度来看，痘痘肌的诱因是皮脂腺变大和毛孔堵塞。

关于痘痘的内容，我会在第五章详细说明，在这里先简单说
明痘痘和肌肤屏障的相关性。简单来说，毛囊壁角质化是指肌肤
的角质过度增生的现象。痘痘的代表症状就是有硬硬的突起，或
是有明显的或黄或红的脓堵住毛孔，形成一个圆形的隆起，专业
叫法为面疱（comedone）。痘痘肌最主要的症状就是面疱的生成，
说得更直接一点，就是毛囊壁的角质化。为了让大家了解什么是
毛囊壁角质化，最近生理学上也开始引入肌肤屏障的概念。

皮脂过度分泌和雄性激素过高会导致毛孔入口的肌肤屏障损
伤，角质细胞为了保护肌肤，会增生出更多的角质来覆盖毛孔入口，
于是肌肤表面就会出现硬硬的突起。雄性激素如果过度分泌，会

导致角质细胞间脂质的浓度变稀，使肌肤屏障产生异常。也就是说，当雄性激素使得肌肤的皮脂分泌量增加时，角质细胞间脂质的制造会受到影响。

发炎性痘痘生成时所分泌的IL-1（白细胞介素-1，interleukin-1）也会刺激毛孔入口的突起。过多的皮脂、雄性激素和IL-1三个联合起来侵扰肌肤，导致肌肤屏障发生异常，进而促使面疱出现。因此，只要使用能改善肌肤屏障的保湿护肤品，就能避免掉入痘痘增生这个永无止境的噩梦中。

* 脂质层受伤会引发接触性皮炎

若皮肤因碰触某种特定物质发生过敏反应，就称之为接触性皮炎。接触性皮炎的主因也是肌肤屏障受损。反复使用会刺激肌肤的化学物质、长时间在肌肤上贴胶布或是经常穿着合成纤维材质的弹性衣物等，都容易引发接触性皮炎。

因刺激的强度、持续时间与物质的浓度不同，接触性皮炎会表现为急性和慢性两种。我们常使用的洗涤剂（表面活性剂）或有机溶剂等刺激源，都能溶解肌肤屏障的脂质层。当这些物质伤害了肌肤屏障后，就会通过受伤的肌肤屏障进入肌肤深层，从而引起炎症。举例来说，如果经常不戴手套就洗碗，长时间下来清洁剂会伤害肌肤屏障，最后引发"主妇湿疹"(俗称"妈妈手")。此外，丙酮与十二烷基硫酸钠（sodium lauryl sulfate）等有机溶剂，不只会伤害肌肤屏障，还会使负责身体过敏反应的细胞（表皮黑色素细胞）过度增殖而引发过敏反应。

美肌老师的小叮咛

除了本节提及的异位性皮炎、痘痘与接触性皮炎外，一些其他的肌肤问题如肌肤老化或干燥，主因也都是肌肤屏障异常。这就是我一直强调的，要拥有健康的肌肤屏障才能拥有美丽肌肤的强力佐证。

05

选择适合自己的护肤品很重要！

常听到很多人说："我的皮肤很敏感，用错护肤品就糟了。"事实上，肌肤屏障脆弱到无法使用护肤品的敏感性肌肤，只占了1％。因使用护肤品出现的皮肤问题，很多都是因为不了解自己的肌肤而选错产品所造成的，并不是因为自己是敏感性肌肤。

我常常听到别人说，因为身边的人说某种产品好用，推荐他试试看，就买来用了，结果产品不适合自己，反而引发了肌肤困扰。所以说选择适合自己的护肤品才是最重要的。痘痘肌的人适合那种清爽型的护肤品，不过对干燥又敏感的肌肤来说，用清爽型的产品，只会让你干上加干。

相反的，干性肌肤的人就应该使用能长时间维持皮肤润泽感的产品，这样的产品当然不可能适合油性肌肤。

不论多么好的护肤品，只要不适合自己就不是好的护肤品。不要一味相信别人的话，在选择护肤品之前，一定要先了解自己的肌肤类型。

根据统计，女性有30％是干性肌肤，15%~20％是油性肌肤，15%~20％是中性肌肤，而混合性肌肤占30％。是不是看到这里，大家就已经在脑海中思考：我就是干性肌肤，啊，不对，我的T字区会出油，所以是混合性肌肤。我要提醒大家，毫无依据地判断，可是会毁了自己的肌肤的。

如果可以光看叙述就知道自己的肌肤是哪种类型，那该有多好。不过，肌肤的类型并不像你想的那样容易判断。大家常常会根据皮肤是否干燥，或是否容易泛油光来判断自己的肌肤类型，但是，油脂和水分并不代表肌肤的全部。不同的肌肤类型，肌肤屏障的特性也不同，因此要选择适合其特性的护肤品。

06

干性、中性、油性、混合性肌肤有哪些特征？

易生角质的粗糙干性肌肤

　　干性肌肤的成因是皮脂分泌过少或肌肤屏障机能低下而造成的水分不足，或是上述两个原因兼有。干性肌肤的人平时就感觉肌肤紧绷，尤其在换季时期，脸上的角质非常明显。和油性肌肤相比，干性肌肤显得较为明亮白皙、毛孔小，肤质看起来也比较好，不过仔细看会发现肌肤缺乏光泽。要特别注意，干性肌肤容易缺乏弹性、老化得快，而且非常容易产生瘙痒的症状。

　　如果皮肤干燥的情况没有改善，干性肌肤就会演变成所谓的"干荒肌"，不只肌肤干燥，角质增生情况也变得严重，更可怕的是，只要受到小小的刺激皮肤就会泛红。

对干荒肌而言，不只需要保湿，还需要给肌肤供给足够的营养。因为肌肤屏障已经很脆弱，所以干性肌肤的人尽量不要使用含酒精的产品，以免酒精加速肌肤水分的蒸发。一定要认真使用保湿产品来防止水分流失。

最理想的中性肌肤

中性肌肤介于干性肌肤和油性肌肤之间，是水油均衡的最理想肌肤状态。由于水分和皮脂量适当，且肌肤屏障坚固，因此中性肌肤既不会满脸油光，也不会因为水分不足而感觉紧绷。不过，肌肤状态会因为季节变化或是生物钟（生理周期、压力）等因素而产生变化，如果没有好好保养，中性肌肤会在不知不觉间变成干性或是混合性肌肤。

美肌老师的小叮咛

正确了解自己的肌肤，是守护肌肤健康的第一步。有很多油性肌肤的人，都因为洗完脸后感觉紧绷，而误以为自己是干性肌肤。就算是油性肌肤，只要使用碱性的洁面产品，一样会因为肌肤油脂被大量带走而感觉紧绷。但是也要特别注意，油性肌肤的人如果误用干性肌肤的洁面产品，反而会因为油脂过多而阻塞毛孔，导致长痘。

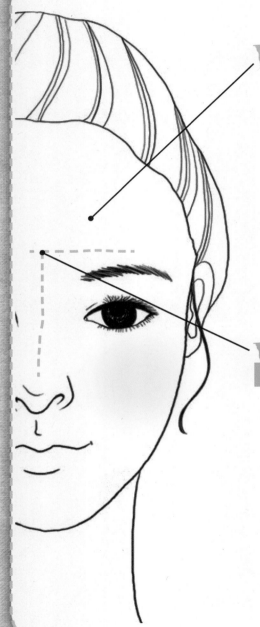

满面油光的油性肌肤

油性肌肤皮脂分泌旺盛，容易满脸油光，给人脏脏的感觉，还会因为皮脂分泌旺盛，导致毛孔阻塞而长痘痘。油性肌肤的人如果使用含油量过高的产品，过多的油脂和毛孔入口的皮脂混合后，就会阻塞毛孔引发痘痘，在选择护肤品时一定要格外注意。尤其要记得，皮脂分泌旺盛不代表肌肤屏障很坚固。

T字区油腻、U字区干燥的混合性肌肤

整体肌肤偏干燥，唯独额头和鼻子等T字部位较油，这样的肌肤称为混合性肌肤。因为脸颊和额头的油脂分泌量不同，混合性肌肤会有肤色不均的情况，同时有干燥和泛油的问题。必须将面部分成两个部位来保养，这是这类肌肤的人最辛苦的地方。

又干又痒的敏感性肌肤

　　敏感性肌肤不仅对外界刺激物、
易引发过敏的物质、环境变化等外在
变因反应敏锐，对人体内部变化的反
应也比一般人来得敏感，甚至容易患
皮肤炎。临床上也有非常严重的敏感
性肌肤案例。不论涂抹哪种护肤品都
会感觉刺激，就连医生开的处方护肤
品也不能适应的人，我们称之为"status
cosmeticus"（不耐受肌肤）。实际上，
这样的人只占不到1％，但是现在约有
50％的女性认为自己是敏感性肌肤。
与其认为自己是"天生敏感"，倒不如
先怀疑一下自己的肌肤屏障是否已经
受伤了。

Skin Mentoring

第三章

现在选择的护肤品
决定十年后的肌肤状态

　　了解自己的肤质是守护肌肤健康的第一步，本章将更进一步为你把关，教你如何选择护肤品，并学习正确的护肤品使用方法。跟着做，拥有无瑕美肌不是梦。

01

怎样洁面
才不会伤害肌肤屏障？

前来皮肤科问诊的25~30岁的女性，有50％的人说她们为肌肤干燥和敏感所苦已有一两年。她们都以为是因为年纪大了，皮肤变得干燥才会敏感，但是，这绝对和年纪无关。导致这些问题最主要的原因是错误的洁面方法，但是却没有人发现这个事实。大家都只想着要尽早用上抗衰老产品，每天只在乎要在脸上多抹些什么。

如果不改变洁面的方法，用再好的抗衰老产品也是治标不治本。说白一点就是，如果持续使用碱性的洁面产品来破坏肌肤屏障，用再好的护肤品也看不到效果。请大家注意，我在这里强调的不是不能洗脸，而是要正确地洗脸。

如果要选出对肌肤屏障影响最大的化妆品，第一个就是洗面奶。只要正确地洗脸，就能让受损的肌肤屏障的问题好转50％。

＊ 清洁力越强的洁面产品，越会伤害肌肤屏障

使用化妆品后，如果没有彻底卸妆而使彩妆残留在脸上，彩妆产品中的油分、色素与香料就会慢慢地分解与变质，对肌肤造成不良的影响。因此，将肌肤上的污垢与化妆品残留洗干净，绝对是保养肌肤最重要的事。

相信大家都有这样的经验：上妆之后如果不卸妆，只用水来清洗，脸上就好像有一层膜一般，水在上面会形成水滴。这就是化妆品残留在肌肤上的证据，其原因是油和水不相溶。和一般基础护肤品相比，彩妆产品的主要成分几乎都是脂溶性的，因此无法只用清水就将脸上残留的化妆品洗去。我们使用的洁面产品一

定要能混合水分和油脂，这种让水分和油脂混合在一起的成分叫作"表面活性剂"。

不过，使用这样的清洁产品最大的问题在于，表面活性剂在洗去肌肤上的油脂时，并不只是带走不必要的油脂，还会一并带走构成肌肤屏障的重要的脂质成分！尤其是一般洁面产品为了增加清洁力，通常都会添加碱性的表面活性剂，这么一来不只会破坏肌肤的酸碱平衡，还会使肌肤的抗菌能力变差。

因此在洗完脸后，绝对不能不做任何补救措施就放着不管。刚洗完脸时，我们的肌肤等于是处在毫无防备的状态下，也就是外界细菌容易侵入、水分容易蒸发的状态。这时一定要赶快补充被带走的脂质，帮助肌肤把不正常的pH值调整回弱酸性。为了帮肌肤巩固肌肤屏障，洗完脸后请一定要使用化妆水和乳液！千万不要忘记！

洁面产品有很多种，
该怎么选？

洗脸最重要的目标就是将肌肤表面的脏污洗去，所以清洁最重要的是根据污染物质（灰尘、汗、皮脂、彩妆等）的特性来挑选产品，并根据肌肤的状态正确地清洗。

洁面产品大致可以分成两种：洗净型和擦拭型。洗净型产品中添加了表面活性剂，需要以水洗净；擦拭型产品则添加了含有油分的溶剂，用于擦掉肌肤上的脏污。

洁面产品的剂型分类与特征

擦拭型

卸妆霜 —— ○ 含40%~50％的油脂，适合化浓妆或是油脂分泌多时使用。

卸妆乳（乳状）—— ○ 油脂含量为30%~40％，比卸妆霜清爽；含有大量的水分，对肌肤刺激性小、延展性佳；含有大量的非离子表面活性剂、酒精和保湿剂。

卸妆液（液体）—— ○ 清洁用化妆水，搭配化妆棉使用，可起到物理性清洁作用。

卸妆胶 —— ○ 含油量高的卸妆乳和卸妆液，清洁效果好且用后感觉清爽，但较高分子的卸妆胶清洁力弱。

卸妆油 —— ○ 以含油量少的表面活性剂和乙醇等调配而成，清洁时须经过乳化作用使水油混合，使用后肌肤感觉润泽。

洗净型

├─ 香皂 ──────── ○ 常用来清洗身体；轻盈且使用感很好，缺点是使用后有紧绷感。

├─ 洗面奶 ──────── ○ 脸部专用，起泡效果好；应在弱酸性到弱碱性产品中，选择适合自己的产品。

├─ 洁颜胶 ──────── ○ 弱酸性的基础清洁力较弱，弱碱性的基础清洁力较强。

└─ 气压式 ──────── ○ 有胶状和摩丝两种，按压时会出现泡
　　洁颜泡泡 沫，清洁时用泡沫来清洁。

其他

　　清洁面膜 ── 水溶性高分子的撕拉式（peel-off）面膜，用于去除肌肤表面和毛孔中的脏污。

用肥皂洗身体比洗脸好

以前有很多人会用肥皂洗脸。老实说，用肥皂洗脸也没什么太大的坏处，但是随着比肥皂更好的清洁产品纷纷上市，的确很难再回头为肥皂说好话。因为肥皂是固体，很难做成弱酸性的，几乎都是强碱性，所以会破坏肌肤的酸碱值。再者肥皂的清洁力强，很容易将角质细胞间脂质也一并带走。加上市售的肥皂大多使用廉价的表面活性剂，对肌肤的刺激性较高。基于上述的理由，如果真的想使用肥皂，用它来洗澡就好。但对于罹患异位性皮炎的人，不只不建议用肥皂洗脸，连洗澡都不建议，因为肥皂会破坏肌肤的酸碱值。

肥皂是碱性的，用它洗完脸后肌肤表面就会呈碱性，要等肌肤分泌皮脂并形成皮脂膜后，酸碱度才会恢复正常（弱酸性），不过这一过程相当耗时。尤其是皮脂分泌不足的干性肌肤，要五个小时才会恢复。因此我都会劝病患尽量不要用肥皂洗脸。

市面上现在也有些肥皂会添加多种天然成分，或是强调不含合成香料与色素，对肌肤刺激性较小，但是这类肥皂还比较少。基于肌肤健康的考虑，建议大家选择不会刺激肌肤，同时含有高度保湿成分与润滑剂（油分）的产品，即使它的清洁力不那么强。

弱酸性洗面奶洗有助改善肤质

　　使用洗面奶时，先挤出少量放在手上，再加上水混合，搓出泡泡后再用泡泡洁面。使用洗面奶洁面后面部没有用肥皂清洁的紧绷感。洗面奶一般以较温和且对肌肤刺激性小的表面活性剂（脂肪酸或氨基酸）为主要成分，还添加了软化剂和保湿剂，这样调和而成的洗面奶，不只清洁力好，而且不会带走过多肌肤原本的油脂，不容易伤害肌肤。若用肥皂洗脸，肌肤会感觉紧绷，而用洗面奶却较有润泽感。

　　洗面奶的酸碱值跨度非常大，从碱性到中性、弱酸性皆有，可选择的范围相当广。一般而言，碱性的洗面奶清洁力强且泡沫丰厚，使用后感觉清爽洁净，缺点是会伤害肌肤屏障。建议大家选择低刺激性的弱酸性洗面奶，而不是只考虑清洁力。弱酸性洗面奶的优点是能守护肌肤屏障，但缺点是清洁力比碱性洗面奶差。对异位性皮炎或是痘痘肌的人来说，使用弱酸性的洗面奶还有助于改善肌肤状况。

洁面产品的成分

清洁剂

高级脂肪酸 —— ○ C12-18脂肪酸、油酸（oleic acid）、异硬脂酸（isostearic acid）、12-羟基硬脂酸（12-hydroxy stearic acid）等

碱剂 —— ○ 氢氧化钠、氢氧化钾、TEA（三乙醇胺）

其他表面活性剂

—— 氨基酸类的表面活性剂（N-酰谷氨酰胺）、
N—甲基—N—椰油酰基牛磺酸钠（AMT）、
聚氧乙烯烷基醚磷酸酯、
聚氧乙烯脂肪酸盐、聚氧乙烯烷基醚、聚氧丙烯、聚氧乙烯嵌段聚合物

软化剂（油分）

—— 脂肪酸、高级酒精、维生素A原、蜂蜡、可可脂、橄榄油、椰子油

保湿剂

—— 山梨醇、甘露醇、聚乙二醇（分子量为300~4000）、甘油、
1,3—丁二醇（1,3-BG）、二磷酸甘油酸（DPG）、磷酸甘油酸、
聚氧乙烯、葡萄糖诱导体

其他

└─┬─ 防腐剂 ── methyl paraben(对羟基苯甲酸甲酯，又称尼泊金甲酯)、ethyl paraben(对羟基苯甲酸乙酯，又称尼泊金乙酯)、propyl paraben(对羟基苯甲酸丙酯，又称尼泊索)、polyacrylamide(聚丙烯酰胺)、sodium alginate(海藻酸钠)、低分子聚乙烯、polyacrylic acid(聚丙烯酸)、EDTA(乙二胺四乙酸)、triclocarban(三氯卡班，又称三氯二苯脲)

├─ 水溶性高分子物质
　　磨砂粒子
　　药剂

└─ 色素、香料、精制水

干性肌肤要用保湿产品来平衡

对干性肌肤的人来说，不论使用哪一种剂型的洁面产品，只要选择pH是中性或弱酸性的即可。这样的产品虽然清洁力较弱，但是对肌肤刺激性较小，即使是干性肌肤也可以安心使用。说得再清楚一点就是，选择保湿效果佳且富含软化剂（油分）的产品更好。除了表面活性剂之外，洁面产品中若添加了天然保湿因子（natural moisturizing factors,NMF）或油分，就能在洁面后维持一定程度的润泽感。

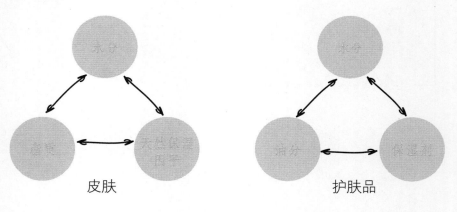

皮肤　　　　　　　　　　　　护肤品

不过，如果想光靠洁面来保湿，那可就大错特错了。基本上，洁面产品都会使肌肤因油分减少而变得干燥。因此，洗完脸后一定要涂上保湿霜，帮助脸部肌肤的酸碱度恢复弱酸性。要做到这样才算是"正确地洗脸"，也才可以说是真正地完成了洗脸。

中性洁颜产品的特征

优点

1.pH值大多在中性到弱酸性之间。

2.加水后起泡力佳。

3.不会形成水垢泡沫。

缺点

1.使用后肌肤有滑滑的感觉。

2.和普通肥皂相比，较不容易冲干净。

03

浓妆、淡妆
有不同的洁面方法

正如前面所说，洁面方式随化妆方式而异。就算是干性肌肤，如果化了大浓妆，仍然需要彻底洁净。

这个时候最适合干性肌肤的是卸妆油。卸妆油不仅卸妆能力佳，还具备保护肌肤保湿膜的优越功能。也就是说，卸妆油是同时具备"以卸妆乳来卸除彩妆"和"以洗面奶来洗脸"两种功能的产品。

早上起床后，不论是干性肌肤还是中性肌肤，只要脸上没有残妆也没有太多的老废物质，只有简单的基础护肤品，简单地用清水洗脸即可。如果想维持肌肤的酸碱值平衡，也可使用弱酸性的洁面产品或是液体的清洁液来洗脸。

皮脂分泌旺盛的油性肌肤或是痘痘肌则应该使用洗面奶，将前一夜肌肤分泌的皮脂轻轻洗去。

中干性肌肤的人，如果在睡前抹了非常滋润的乳霜或是睡眠面膜，且早上起床后还可以感觉到油分的话，最好用洗面奶或是洁颜水洗掉残留的护肤品和油分。如果皮肤并不太油，而只是有点滋润的感觉的话，我更建议使用弱酸性的洁颜胶轻轻去除脸上残留的油分。不过，如果是容易干燥的干性肌肤，只要使用微温的水把脸洗净即可。

晚上回家时，请根据当天使用的化妆产品来选择洁面方式。以下为读者整理出五个最常出现的关于洁面的疑问。

问题 1　　　基础保养后，只涂了防晒霜和BB霜，该如何洁面？

　　如果同时使用防晒霜和BB霜的话，因为产品本身有很多的油脂，加上防晒产品中都有防水成分，因此彻底清洁相当重要。

　　使用含油分较多的产品时，要先使用卸妆霜或卸妆油来卸妆，然后使用洗面奶来进行第二次清洁；或是先使用清洁力强的卸妆胶进行第一次清洁，再以洗面奶清洗。

　　防晒产品的主要成分是二氧化钛和氧化锌，BB霜的主要成分是蜜粉。如果想将蜜粉彻底卸干净，则需要使用含油量较高的卸妆产品，比如卸妆油或卸妆乳。进行第一次清洁后，最好再用洁面产品来进行二次清洁。

问题 2　　　防晒产品的防晒系数不同，清洁方法也不同吗？

　　以往的防晒产品都是防晒系数越高就越油腻，但是随着改良产品的上市，好像不能再以防晒系数来判断产品是否油腻或者属于哪一种剂型了。因此，防晒产品的类型比防晒系数更重要。要看产品是否是防水型，是膏状还是乳状，剂型不同，洁面的方法也有所不同。

问题 3 使用了防水粉底该如何洁面?

如果使用了含有防水成分的产品,清洁工作就格外重要,卸妆产品以卸妆油或卸妆霜等含油量高的产品为佳。我们的目标是要把脸洗干净,所以不要让卸妆产品在脸上停留太久。快速地进行第一次的清洁后,剩下的残留物就用洗面奶来洗净,这样才是不会给肌肤带来负担。

问题 4 下午时常常补擦防晒品,该如何洁面呢?

如果常常补擦防晒品,皮脂会和老废物质混合在一起,皮肤会变脏。如果你是敏感性肌肤,这样做容易长痘,而如果是油性肌肤或痘痘肌,这样则容易让肌肤状况恶化。为了避免太过刺激肌肤,同时去除肌肤上混合在一起的老废物质,最好选用清洁力强且泡沫丰富的洁面产品。

敏感性肌肤先使用卸妆棉轻轻擦拭面部,再以弱酸性的洗面奶来洗脸,这样能减少刺激并使肌肤镇静。油性肌肤与痘痘肌则可先用卸妆液清洗,再以泡沫丰富的洁面产品进行二次清洁。

问题 5 使用了防晒+珠光饰底+粉底，该如何洁面？

　　珠光产品的珠光粒子很容易堵塞毛孔，进而引发痘痘。因此，一定要使用能彻底清除毛孔上残留物质的产品来洁面。但是珠光产品常使用在油脂分泌旺盛的T字区和毛孔明显的T字区周围，如果因为想要洗净珠光产品，就对整脸进行深度清洁，反而会让脸颊变得干燥。因此，可以先用卸妆棉（卸妆布）轻轻擦拭T字部位，之后再使用卸妆油或是洗面奶洗净残留污垢。

　　此外，用卸妆霜、卸妆油或是卸妆乳轻轻按摩来进行第一次清洁，再使用洁面产品将脸上残留的物质洗去，也是不错的方法。

春季雾霾，冬季干燥，洁面方式各不同

* 迎战春季皮肤大敌——雾霾

所谓的霾是指空气中因悬浮大量的烟、尘等微粒而形成的混浊天气现象。霾中含有水银、钠和镁等金属微粒以及污染物和灰尘，肌肤接触到这样的空气时，污染物会侵入毛孔引发痘痘，甚至会对肌肤造成刺激。春季是霾的高发季节，因此，对抗霾是春天保养肌肤的重要课题。

雾霾天从户外回到家里后，一定要先使用柔软的棉质毛巾，将沾在皮肤上的灰尘先轻轻掸掉，再去洗脸，绝对不能让这些灰尘长时间沾染衣服或是肌肤。

由于残留在肌肤表面的沙尘会刺激肌肤，因此，使用卸妆产品的量要比平时多一点。最好先将残污温柔地拭去，再用洗面奶进行二次清洁。如果还是不放心，可以一周进行一次深层清洁。先用温毛巾来打开毛孔，再用深层清洁产品轻轻按摩，将毛孔里堆积的老废物质洗净。磨砂类的产品会刺激肌肤，不建议经常使用。

如果洁面后肌肤有泛红或是肤色不均的情况，可以将化妆水放到冰箱中冷藏，再用化妆棉沾取化妆水轻轻擦拭，以镇静肌肤。千万不要忘记，洗完脸后要使用适合自己的保湿产品来镇静受雾霾侵袭的肌肤。

✳ 对战冬季肌肤宿敌——干燥

冬天空气湿度低，肌肤会散失很多的水分，容易感觉干燥。

在这样干燥的季节，做好保湿工作显得格外重要，最好连洗脸时也好好注意保湿。洗脸后如果不把脸上的水分擦掉，这些水分蒸发时反而会把肌肤原有的水分带走。因此，洗完脸后最好能用毛巾将多余的水分擦干，在角质层保有水分的状态下，依次涂上化妆水、精华液、乳霜等，从肌肤外部来保养。

05

了解角质生长规律，才能正确地强化肌肤屏障

人们经常把去角质的产品归类为深层清洁产品（deepcleansing），但就皮肤医学的角度而言，这是错误的概念。去角质并不是深层清洁，而是去除已经失去肌肤屏障功用的角质细胞，恢复角质细胞的肌肤屏障功能。也就是通过角质管理，达到提升肌肤的保湿能力与防御能力的目的。因此，将去角质产品归类为深层清洁产品是错误的。

角质护理与使用表面活性剂（洁面产品）清洁肌肤不同，正确的角质护理能够加强肌肤屏障的机能。而洗面奶的表面活性剂成分会剥夺肌肤屏障的脂质，反而会削弱肌肤屏障的机能。

受损的肌肤屏障能再度复原吗？答案当然是肯定的。不过，

需要着力于角质层重建与恢复肌肤的弱酸性。能解决这些问题的方法之一，就是角质护理。如果角质细胞无法维持肌肤屏障机能，保湿力就会下降，肌肤会渐渐变得干燥，当然，外界的细菌也更容易侵入肌肤。因此，我们需要使用去角质产品整顿这些干燥且不平整的角质。到皮肤科去做去角质护理后，会感觉肌肤保湿力提升且痘痘的症状也缓和了，在家里自己去角质时也会有类似的效果。

我们身体的细胞会不断地死去与再生，表皮细胞更是如此。表皮会不断地生出新的细胞，而寿命到终点的细胞则会死去，这些死去的细胞集合起来就成为角质。如果死去的细胞一直堆叠在肌肤表面，我们的身体应该早已被厚厚的角质所覆盖。还好，在肌肤健康的状态下，老废角质会自行剥落。

位于基底层的角质形成细胞会不断地分化，向肌肤外层的角质层移动。角质形成细胞从基底层往表皮层移动的时间就称为表皮再生周期（epidermal renewal time），约为28天。角质形成细胞分化到角质层后，就开始准备剥落。

不过特殊情况下的肌肤，比如干性肌肤或是有异位性皮炎的肌肤，其表皮再生周期就会有变短或变长的情况。

什么原因会让角质变得明显？角质明显的现象根据其成因可分成两种：一种是因为皮肤太干燥或是受到刺激而引发的；另一

种则是角质细胞在表皮再生周期中无法剥落，留在肌肤表面而产生的。两种情形中的角质都难以发挥肌肤屏障的功能。这时，最好将这些无法发挥功能的角质去除。

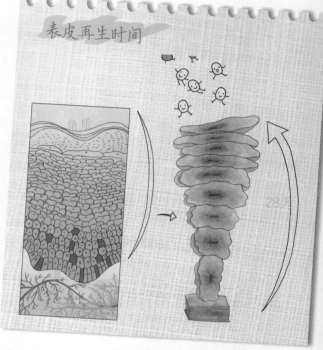

表皮再生时间

肌肤最外层的角质应该正常地剥落，才能维持光滑又健康的状态，而能让最外层的角质正常剥落的成分就是蛋白酶。不过如果这个蛋白酶发生异常，例如无法好好发挥作用或是过度活跃，角质的剥落就会变得不正常。角质没有正常剥落会导致角质层变厚；角质太频繁地剥落则会让肌肤变得粗糙。

举例来说，如果常使用碱性的洗面奶，肌肤表面的酸碱值容易变成中性或是碱性，这么一来，我们前面说的蛋白酶就会变得过度活跃。一旦蛋白酶过度活跃就会加速角质桥粒的分解，而这个角质桥粒，正是将角质细胞紧紧绑在一起的成分，所以角质细胞就会不正常地剥落。因此，使用碱性的洁面产品后，一定要使用弱酸性的化妆水或乳液来平衡肌肤的酸碱值。

再举一个例子，常引起皮肤炎的金黄色葡萄球菌或是家里的尘螨，都会

角质剥落的原理

角质剥落的原理必须从细胞层面来解释。角质层位于肌肤最外层，是由角质细胞层层堆叠起来的。在角质细胞间有些负责将它们连接起来，作用类似螺丝钉的成分，称为"角质桥粒"（corneodesmosome）。只要有这个角质桥粒，角质细胞就会被固定好，不会分离。在正常的状态下，当角质细胞要剥落时，角质桥粒就会溶化。所以肌肤会在最外层分泌蛋白酶，来使这个螺丝钉（角质桥粒）溶化。角质桥粒溶化后，角质细胞才能自然剥落。

分泌一种酶，而这种酶会分解角质桥粒。简单来说，金黄色葡萄球菌或家里的尘螨，会阻碍角质层的结合，使角质浮起或变厚。不过只要维持肌肤的弱酸性，这些细菌就不会侵入肌肤。因此，大家一定要记得，只要维持好肌肤的弱酸性，就能达到一定的抗菌效果。

06

去角质，
小心伤了皮肤而不自知

　　翘起来的角质能再次和肌肤贴在一起，并发挥作用吗？很遗憾，答案是不行。不过值得庆幸的是，角质每天都会新生。因此，死掉的角质或翘起来的角质是可以处理掉的。

　　角质护理的意义是将不正常的角质去除，以恢复肌肤屏障的功能。没必要把正常的角质也去除，只要除去异常的角质即可。

　　请大家一定要记得，过度去角质是相当危险的行为。在临床上经常看到没有医师协助就自己进行换肤术或是使用刺激性换肤产品的人，他们后来都因为副作用而苦不堪言。因为一时的错误行为，却要付出这么大的代价，真的让人觉得很惋惜。

　　举例来说，偶尔会听到有人用粗糙的搓澡巾来搓脸。但是如果以过大的外力来剥除角质层，肌肤屏障也会跟着被破坏，肌肤自然开始产生各种问题。再举一个例子，在一些没有执业许可的美容院，会有阿姨拿着来历不明的东西要涂抹在客人脸上去角质。如果大家对肌肤屏障有一点点了解，相信都不会做出这种愚蠢的事情。如果只想一股脑地把角质剥除，到最后只会留下疤痕和色素沉淀的痕迹。

　　偶尔也会有角质厚得像龟壳一样的患者到医院来就诊，他们角质增厚的部位常常是手肘后面或脚后跟等。这种现象叫作硬化效应（hardening effect）。就像拳击选手长时间打沙包后手上会长出茧一样，如果你每天都用刀子去刮后脚跟的硬皮，厚茧只会一直长出来。反复地刺激肌肤，肌肤为了自我保护就会不断生出角质。从这些案例中，我们得到的教训就是，绝对不要过度反复地刺激肌肤。

　　一味地把角质层剥掉对肌肤健康有害。那么，到底该怎么做才算是适当地去角质呢？下一节我们先来认识一下能帮助我们进行角质护理的产品。

07

不同肤质的人，
该如何使用换肤产品？

所谓的换肤（peeling），就是"剥除外皮"的专业用语。根据剥除皮肤深度的不同，换肤可分成剥除角质层的浅层换肤以及一直剥除到真皮层的深层换肤，种类非常多。

换肤的种类与深度不同，带来的效果也不一样。换肤可以改善痘痘，减少皱纹或色素沉淀，改善暗沉的肤色，让肌肤变得明亮柔嫩等。虽然换肤可以带给肌肤巨大的变化，不过如果用错方法，其副作用也不容小觑。

本书为大家介绍的是任何人在家里都能轻松使用的剥去部分表皮的去角质产品。如果到医院去找专业的皮肤科医师进行换肤治疗，因为相对安全，所以本书不介绍这个部分。

不会溶化的去角质颗粒会伤害肌肤

去角质产品大致可分成两种：通过去角质颗粒的摩擦力来去除角质的物理性去角质产品和以化学成分来溶化角质的化学去角质产品。

磨砂膏的原理，就是使用会溶化或不会溶化的去角质颗粒，通过按摩自然地去除肌肤上的老废角质，也就是利用微小的颗粒摩擦肌肤表面来去除角质。使用的角质产品颗粒太大或太粗糙，甚至按摩肌肤的力道太大，都容易伤害肌肤屏障，导致肌肤出现红肿的现象，严重的甚至会发炎。

不会溶化的颗粒磨砂产品不过大多使用在肌肤较厚的部位，很少使用在脸上，脸上通常都是使用化学去角质产品或是颗粒会溶化的物理去角质产品。

然而，市面上还是有脸部专用、颗粒不会溶化的去角质产品，作为皮肤科医师，我不建议大家使用这种产品。尤其是敏感性肌肤或干性肌肤，使用这种不会溶化的颗粒去角质产品，反而会破坏肌肤屏障，导致肌肤泛红或发痒。

　　最好使用颗粒柔细并且会溶化的去角质产品。去角质产品的名称中常见gommage这个词，这个词来自法语的"清除"，而gommage剂型的产品，几乎都是看不见颗粒的液体，将其涂抹在肌肤上后轻轻摩擦，就能搓出像污垢一样的角质。和一般的物理性去角质产品相比，它不仅较温和，而且其中的添加成分还能在去角质的同时达到保湿的功效。最近市面上还推出了以植物纤维素制作而成的去角质产品，植物纤维不会对敏感的肌肤产生太大的刺激，还能温和地去除老废角质。

　　化学去角质产品的成分不同，去角质的原理也不尽相同。AHA（alpha hydroxy acid，甘醇酸）或BHA（bate hydroxyl acid，水杨酸）是天然酸，涂抹后以水轻轻洗去，就能达到去角质的效果。此外AHA和BHA同时还具有溶化角质、恢复角质细胞周期，并促使胶原蛋白生成的效果。它们的优点是比一般的颗粒产品温和，不刺激。而且使用BHA的产品对油性肌肤或是痘痘肌也很有帮助，因为BHA是易溶于油的亲油性成分，所以更易溶解皮脂。

去角质商品的分类

原理

  物理性去角质

  化学性去角质

剂型

  磨砂型 ———— ○ 物理性去角质产品

  粉状 ———— ○ 含有酵素成分的粉状产品，加水搅拌后会产生泡沫

  乳液&液态 ———— ○ 含有AHA、BHA成分（约10%以下）的产品

  膜与贴片 ———— ○ 含有AHA、BHA成分的片状产品

干性肌肤的角质护理方法

到底应该多久进行一次角质护理？肌肤油脂不足的干性肌肤和油脂过多的油性肌肤，角质护理方法相同吗？答案当然是不一样，也应该不一样。干性肌肤感觉角质翘起来时再去角质即可。使用温和的gommage剂型产品或是含有AHA或BHA的产品，都是不错的选择。在去完角质后，一定要记得立刻抹上保湿产品。一般建议每一到两周去角质一次，不过随着季节不同也会有所差异。

油性肌肤的角质护理方法

油性肌肤相较干性肌肤，去角质的频率要高一点。一般油性肌肤一周去角质两到三次较为适当，不过在干燥的冬天，太频繁地去角质也会使油性肌肤变得干燥，这点要特别注意。

在挑选去角质产品时，最好选择在去角质的同时能吸附皮脂、清洁毛孔的产品。皮肤科会使用能吸附油脂的成分来帮油脂分泌过多的人去角质，这点提供给大家作参考。

角质层厚且毛孔大的肌肤的角质护理方法

如果有这种问题，在皮肤科进行水晶磨皮效果较佳，如果要在家里去角质，选择能磨除毛孔入口处变厚的角质的产品较为适合。即使如此，仍然不建议选择磨砂颗粒太粗的产品，应该选择颗粒细小，对于肌肤刺激尽可能小的产品。

痘痘肌的角质护理方法

属于这类肌肤的人也最好到皮肤科去角质，如果没时间到皮肤科，就只能选择好的产品自行护理。皮肤科里有很多病患都是因为本来就有痘痘或是其他肌肤困扰，却自己在家里胡乱去角质，结果让肌肤变得更糟。要特别注意的是，如果是脓性痘痘，使用大颗粒的去角质产品反而会因为对肌肤的刺激太大，而使痘痘的情形恶化。应该避免刺激发炎的部位。去角质产品选择能用水轻松洗去的剂型或是含BHA的产品为佳。

有效去角质的按摩法

去角质的按摩时间最好不要超过1分钟。不要一涂上去就立刻开始按摩，建议涂上去1分钟后，再以指腹沾水轻轻按摩。按摩要从T字部位开始，然后才是U字部位，也就是下巴、鼻子与额头这些较狭窄的部位要在宽的部位之前进行按摩。按摩时以指腹轻按压，做出像要推出毛孔内的老废物质一般的动作即可。

鼻尖的部位，以指腹轻轻画小圆圈按摩约30秒。皮脂分泌较多的T字部位，本来就有很多混在一起的皮脂和堆在毛孔入口的角质，通过这样的按摩，能让T字部位更光滑干净。最后，不要忘记去完角质后要立刻涂上保湿产品。

美肌老师的小叮咛

有很多品牌为了让彩妆效果更好，妆感更服帖，宣称去角质应该是"make up start"（化妆的开始）或"makeup before"（化妆前的步骤），意即去角质应该在早上化妆前进行，不过我并不建议这么做。去角质不是为了要让彩妆服帖，而是为了修复受损的肌肤屏障。

因此，结束一天的行程回到家后再去角质最适合。晚上回到家，脸上累积了一整天的残妆、老废物质与角质，将它们都去除干净后再抹上基础护肤品，护肤品中的营养成分可以在睡眠过程中被充分吸收，肌肤屏障也能恢复健康。

08

善用保湿产品，
守护皮肤"保水膜"

　　保湿产品能修护受损的肌肤屏障。正常肌肤角质层的含水量为12%~20％，如果含水量不足10％就称为干燥。肌肤角质层如果含有20%~30％的水分，肌肤看起来就会相当润泽且充满弹性。不过，含水量并不是越高越好。大家不妨想想，长时间泡温泉后，手掌会变得皱巴巴的样子。

　　好的保湿产品，并不是涂抹时感觉滋润就好了。现在有很多保湿产品，在涂抹时会觉得很滋润，但是时间一久反而会带走肌肤的水分。

　　因为保湿产品真的太重要了，所以一定要在购买前仔细阅读成分说明。当然，购买其他护肤品也一样。

所谓的保湿产品，是指能够给肌肤供给水分并防止水分蒸发的乳霜、软膏以及乳液的总称。以前的保湿产品侧重于供给水分和防止水分蒸发这两个功能，不过最近有很多保湿产品，还添加了抗菌成分，甚至可用于治疗疾病。例如在异位性皮炎或肌肤干燥等多种肌肤问题时治疗中，保湿产品化身为主要或是辅助的治疗成分。

肌肤保湿产品的种类非常多，因此选择适合自己的产品，比

想象的更难。保湿产品不仅种类众多，连名字也千奇百怪，常让大家不知该如何选择。不过您也不需要担心，保湿产品根据功能主要可以分成四种，就从这四种开始了解吧。

四大类保湿剂

1. 湿润剂（humectant）
2. 闭塞剂（occlusive agent）
3. 乳化剂（emulsion）☆
4. 生物脂质混合物：
   神经酰胺、胆固醇等

09

认识市面上 四大类保湿产品

* 湿润剂——补充肌肤水分

保湿产品中的"湿润剂"是由亲水成分制作出来的，是和皮肤中的天然保湿因子（NMF,natural moisturizing factor）对立的物质，其中最具代表性的成分就是甘油（glycerol）。

在涂抹甘油后，肌肤会立刻感到润泽，不过在低温或是干燥的环境下，肌肤会将角质层的水分往外送，导致肌肤水分减少，因此涂抹上甘油一段时间后，皮肤反而会

天然保湿因子

天然保湿因子主要由人体生成的氨基酸构成，能吸附皮肤的水分并有保湿功效。肌肤开始老化时，天然保湿因子也会减少。

甘油和聚丙二醇

甘油是一种无色无臭的液体，又被称为丙三醇，具有和天然保湿因子相似的吸水力，是效果绝佳的湿润剂。聚丙二醇（propylene glycol）是一种具有优秀的溶解力的无色透明浆状液体，浓度在10%以下时具有优越的保湿力，浓度高于40%时有溶解角质的换肤效果。

产生干燥的感觉。如果是因为肌肤屏障的机能下降而容易感觉到干燥的肌肤，使用含有甘油的保湿产品就很难看到效果。

最近最受欢迎的保湿成分就是玻尿酸（hyaluronic acid）。玻尿酸不只有保湿效果，还是肌肤屏障机能中与免疫相关的物质。玻尿酸能吸附比自己体积大一千倍的水分，不太刺激也不黏腻，不论是敏感性肌肤还是油性肌肤都能安心使用。在皮肤科中玻尿酸常用于填充注射，我们常听说的"水光注射"，主要的施打成分就是玻尿酸。

* 闭塞剂——像婴儿油般阻挡水分流失

所谓的"闭塞剂"（又称为锁水剂）指的是能在肌肤表面形成一层油膜，以防止水分蒸发的油性物质，其作用就像我们的皮脂。最常用的闭塞剂有矿物油、白色凡士林、羊毛脂、荷荷芭油与植物油（可可脂、橄榄油）等。

闭塞剂的缺点是，随着体温的升高，油膜的持久力会降低，而且又黏又滑的感觉让人相当不舒服。婴儿油可以说是最具代表性的闭塞剂。有人认为，"这是婴儿用的，成分应该很温和，如果用在我的皮肤上应该也很好吧？"抱持这样的想法而使用婴儿油的人不少，不过，这只是大家的错觉而已。如果是油性肌肤的人，涂抹婴儿油反而会让毛孔堵塞，引发恼人的皮肤困扰。

＊ 油化物——补水的同时形成防止水分流失的油膜

　　市面上的保湿乳霜和保湿乳液，大部分都属于油化物。油化物同时含有湿润剂和闭塞剂的成分，因此可以同时得到这两种保湿效果。油化物的缺点是随着涂抹后水分的蒸发，肌肤上就只剩下油分，保湿的持久力略显不足。

* 生理脂质混合物——以肌肤屏障成分制成，是最好的保湿剂

最后要介绍的是由最近人气最高的"生理脂质混合物"所制成的保湿产品。它是四种保湿产品中保湿效果最好的，原因在于它和形成肌肤屏障的角质细胞间脂质成分相似。换句话说，当肌肤屏障受损时，涂抹和角质细胞间脂质相似的成分，能帮助修护肌肤屏障并使肌肤保湿功能恢复，从根本上解决问题。举例来说，患有异位性皮炎的人适合使用含有神经酰胺的产品；肌肤因缺乏胆固醇而干燥的老年人，使用富含胆固醇的产品就能达到高保湿的效果。这样的保湿产品不只能让肌肤维持润泽，还能同时改善干痒与发炎的症状。

最近，以生理脂质混合物所制成的保湿产品再度进化了。刚开始时，只是单纯添加神经酰胺的保湿产品就已经大受好评，后来商家又推出了同时添加神经酰胺、胆固醇和游离脂肪酸的产品，更有人提出，这三者以3：1：1的比例调配出的保湿产品效果最佳，第二代的保湿产品由此诞生。

随着科技的发展，现在市面上又出现了含有能刺激肌肤屏障生成成分的第三代保湿霜，该产品有助于提升肌肤屏障的自愈力。

保湿剂——守护肌肤的水平衡

肌肤屏障受损且干燥的肌肤，需要使用保湿剂来恢复肌肤屏障的功能。当肌肤屏障受损，角质层的含水量不足10%时，角质层就会失去柔软度，肌肤表面会变得粗糙，角质也会不平整且外翘。正常的肌肤在肌肤屏障受损时，可自我修护，不过当外在的刺激太过强大或是长时间给予低度刺激时，自我修护就会不完全。

当水分减少到10%以下时，不只角质细胞会失去柔软性，老废角质也会不正常堆积，最后在表皮形成凸起。同时，因为光线散射的关系，肤色还会变得暗沉、不均匀。

使用保湿剂能为肌肤提供水分，修护因干燥的大气或外来刺激所造成的角质外翘现象；还可以防止水分蒸发，维持肌肤的柔软度并恢复肌肤健康。此外，保湿剂还有助于使角质拥有均一的弹性，并维持肌肤表面的光滑感。请大家记住，保湿产品绝对是肌肤的必需品。

美肌老师的小叮咛

最近市面上也出现了不仅含有湿润剂、闭塞剂与生理脂质混合物成分，还含有能帮助角质形成的胜肽（peptide）或生长因子（growth factor）的产品。也就是说，这种产品不仅含有肌肤屏障的必需成分，同时还添加了强化肌肤屏障功能的成分，可以称得上是进化型的保湿产品。长期使用第三代的保湿产品（含生理脂质混合物）能达到修护受伤的肌肤屏障的效果。

10

哪些生活习惯
可以培养出水润美肌？

　　日常生活中有很多因素会夺去肌肤的水分，有些因素也很容易被我们忽视。对于上班族来说，一天之中待在公司的时间最长，而这段时间我们也最容易忽略保养。某些给我们带来便利的东西，正不知不觉夺走肌肤的水分，使肌肤提早迈入老化。请大家好好检视自己的生活习惯，一起学习让肌肤保持水润感的生活法则吧！

* 是谁偷走了肌肤的水分？

空调的冷气可引起细纹

夏天若长时间开着冷气，室内的空气循环不佳，空气污染度提高，人会觉得闷且干燥。如果长时间待在冷气房，皮肤会因水分明显不足而变得干燥，当然肌肤的弹力也会变差，容易长出皱纹。

室内暖气和暖风犹如在沙漠生火

天冷时，有许多人相当依赖暖气设备。但是暖气是让室内干燥并夺走肌肤水分的主因，汽车的暖气也一样。在密闭的空间内，空气本就不流通，还要不断地注入高温且干燥的空气，干燥的空气和空气中的灰尘都会直接影响肌肤，并带走肌肤的水分。

经常喝酒会导致各种肌肤问题

如果你有喝酒的习惯，肤质也会受到影响。喝完酒的次日，总会觉得脸部浮肿、皮肤粗糙且不易上妆吧！进入社会后，免不了要参加应酬，喝酒次数越频繁，肌肤会越干燥，肌肤问题也就越严重。这是因为酒精的代谢会耗掉身体内的水分。此外，激素的变化会使皮脂过度分泌、堵住毛孔，肌肤会变得容易长粉刺、痘痘，而且角质会增生，肌肤问题会恶化。

＊ 锁住皮肤水分的生活习惯

摄取足够的水分

摄取足够的水分，对防止肌肤干燥相当有益。

在干燥的室内放置加湿器

如果室内干燥，肌肤水分的蒸发会加速，因此需要调节室内湿度。可以利用鱼缸或是加湿器等来维持室内的湿度，不仅能让皮肤湿润，也有益呼吸系统健康。不过如果不注意保持加湿器的清洁，其中滋生的细菌反而会伤害呼吸道，并有引发疾病的风险，因此一定要注意清洁。把湿的毛巾或是衣服晾在室内，也有助于调节室内的湿度。

加倍呵护皮脂腺不足的眼周和唇周

秋冬季时肌肤特别容易干燥，保湿工作显得格外重要。尤其是异位性皮炎和干性肌肤，二者都是因为肌肤屏障机能低下而引发的肌肤问题，这样的肌肤在干燥的冬天肌肤状态特别容易恶化，一定要注意保湿。还有，没有皮脂腺的部位因为不存在防止水分蒸发的皮脂膜，变干燥的速度会比其他部位要快，在保养上也要格外费心。

眼周的皮脂腺密度低，而嘴唇则没有皮脂腺。建议选择保湿效果较好的护唇膏。在换季或冬季时，万一嘴唇非常干燥甚至到干裂流血的程度，一定要紧急护理。眼周的皮肤不会像嘴唇一样那么直接地感觉到干燥，外出时也很难对眼周进行特别保养，所以平时保养时不要忘记随时为眼周补充水分。

去角质后做好保湿

肌肤表面若有角质翘起来，就是肌肤屏障受伤的信号。受伤的角质已经无法好好地保护肌肤，因此还是

诱导健康角质生成为佳，而诱导健康角质新生的方法就是去角质。轻柔地去角质后，记得涂抹保湿产品来调理肌肤。

充分利用喷雾

喷雾能为干燥的肌肤实时提供水分。当肌肤紧绷或干燥时，喷雾也有镇静肌肤的效果。在干燥的室内，利用喷雾可以迅速又简便地补水。使用喷雾时记得瓶口不要紧贴着肌肤，而是应该离开肌肤一定的距离，让喷出来的水雾自然地轻轻洒落在脸上。喷上喷雾后也可以再涂一层保湿霜。

美肌老师的小叮咛

含有保湿成分且pH值为弱酸性的喷雾比只含水的喷雾更好。

Skin Mentoring

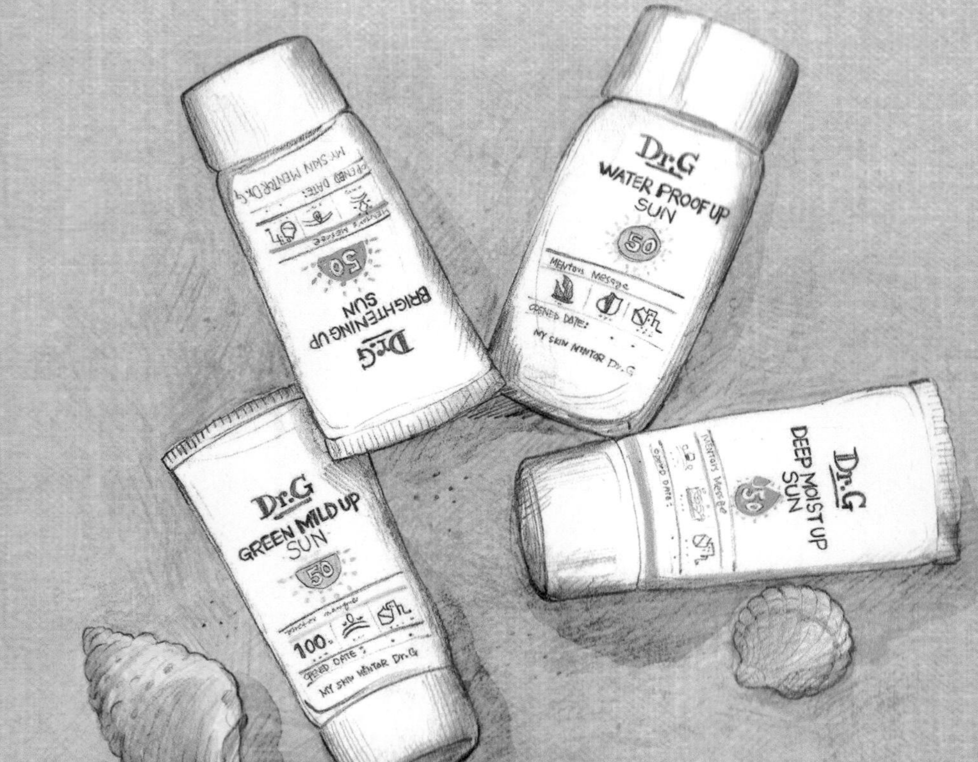

第四章

功能性化妆品
你用对了吗？

从前我们所知的化妆，是指把脸蛋打扮得很漂亮，不过现在的化妆，则超越了美丽的层面，还能进一步改善肤质，使肌肤更健康、更强韧。本章将带您了解功能性化妆品。

01

什么是功能性化妆品？

一直以来，化妆就是指把脸打扮得漂亮。爱美是女人的天性，关于这一点，五千年前的埃及文献中就曾经出现相关记载。不过，随着科技的发展，现在的化妆品已经超越了把妆化得美美的层面，进一步发展到强调改善肌肤状态的境界。这就是我们所说的功能性化妆品。其英文应该是functional cosmetics，但是化妆品公司却常将之标示为cosmetheuticals。所谓的cosmetheuticals是由表示化妆品的英文单词cosmetic和表示治疗的英文单词therapy合成的词，指化妆品同时具备药品的疗效。这个单词诞生于1975年，是美国一位皮肤科医师Kligmann（克雷格曼）在创制美白乳霜时提出的。现在这一概念被广泛地运用在皮肤医学界。

说得简单一点，功能性化妆品是指虽然不是药物，但是具有改善肌肤状态功效的化妆品。功能性化妆品的上市，让化妆品与药品的界线越来越模糊。而且功能性化妆品的势力不断扩张，让化妆品不再只是化妆品，而是被赋予了更多的意义。

　　功机能性化妆品通常可分成三种，分别是防晒、美白、增强弹力改善皱纹类产品。不过就皮肤科医生的观点来看，这样的分类法让功能性化妆品的范围变得很狭隘。因为除了上述的三种产品，治疗面疱的护肤品、治疗异位性皮炎的护肤品以及抗衰老的产品等严格来说，也都是功能性化妆品。更何况，怎么能确定未来不会开发出更多样的功能性化妆品呢？以上只是我对功能性化妆品分类不周全的小牢骚。接下来，我会在第四章介绍法规里认定的功能性护肤品，在第五章介绍治疗痘痘和异位性皮炎的功能性产品。

　　好的，现在开始让我们回归功能性化妆品的本质，仔细了解一下它吧！

02

做好防晒，
就能延缓肌肤老化

很多人只在阳光炽热的夏天，或是长时间待在户外时，才会涂抹防晒产品。其实，每一天都必须做好防晒。如果要我从品项众多的化妆品中，选出最重要的产品，那么我会毫不犹豫地选择下面四种：洁面产品、去角质产品、保湿产品和防晒产品。这四种产品中，没有一种不重要，下面就重点谈谈防晒产品。只要能好好地使用防晒产品，就能延缓肌肤老化。

* 为什么要使用防晒产品？

　　第一个理由是预防老化。肌肤的老化速度比身体其他器官要快。所有的细胞都会随着岁月流逝而老化，我们称之为"自然老化"（chronological aging）。不过因为肝脏、心脏和肾脏等脏器不会露在身体外面，所以尽管它们会随着时间老化，却不像暴露在身体外面的皮肤这么快速。肌肤所接触到的外在环境因子，最厉害的就是紫外线。现在我相信大家应该多多少少都会了解，为何我说只要做好防晒就能有效防止肌肤老化了。

　　使用防晒产品的第二个理由是预防皮肤癌。强烈的紫外线会阻断肌肤细胞DNA的修复。肌肤细胞内含有核酸内切酶等酶类，能使断掉的DNA再次连接起来。如果肌肤被晒伤或是长时间待在紫外线强烈的地方，DNA就无法被修复，这是皮肤癌的一大诱因。因此，仅是站在预防皮肤癌的角度，就应该切实地防晒。最新的研究报告显示，小时候晒伤造成的细胞损伤，会使老年罹患皮肤癌的风险提高。

　　应该使用防晒产品的第三个理由是预防色素沉淀。肌肤会制造黑色素来抵御紫外线的伤害。做了日光浴后，皮肤会变黑就是黑色素增加的关系。不过，就算我们没特别去做日光浴，日常生活中接触到的阳光累积起来就足以让黑色素增加了。因此我们的肌肤才会产生各种雀斑、黑斑等斑点。还有，站在预防日光过敏的立场，也应该防晒。

当然，紫外线并不是只有坏处，也有对身体有益的方面。紫外线能帮助身体合成维生素D，让我们的骨骼更强健。因为维生素D很难从日常饮食中摄取，需要通过紫外线来帮助合成。尤其是肌肤缺乏黑色素的白人，想要靠紫外线来合成维生素D，更是困难，这也是白人一看到阳光洒落，就会脱光衣服去做日光浴的原因！亚洲人因为肌肤的黑色素充足，一天只要接受20分钟的阳光照射，就不用担心骨骼变差。就算是这样，也没必要在大太阳下晒到晒伤。

* 紫外线究竟是什么？

若能正确了解"紫外线（ultraviolet）"这个词，应该就能知道它是什么。彩虹的光谱会呈现七种颜色，它们依照可见光（肉眼能见到的光）的波长排列。可见光中波长最短的是紫色光，紫外线是

> ### 三种不同波长的紫外线
>
> ○ 紫外线A：波长 320~400nm
>   波长长，能侵入肌肤
> ○ 紫外线B：波长 280~320nm
>   波长短，会引起晒伤
> ○ 紫外线C：波长 200~280nm
>   会被大气层吸收

指在紫色光之外（波长小于紫外线），肉眼所看不见的光。而红外线（infrared）则是指在红色光之外（波长大于红色光），肉眼看不到的光。

紫外线的波长为200~400nm，根据波长不同可以分成UVA（紫外线A）、UVB(紫外线B)和UVC(紫外线C)三种，其中UVC到大气层就会被阻断，所以只有UVA和UVB对肌肤有影响。

红外线

紫外线

＊ 紫外线A(UVA)—— 皮肤老化的主因

UVA占紫外线的90％~95％。因此，我们所接收到的紫外线绝大部分是UVA。UVA是造成肌肤老化的主因，也是雀斑与黑斑恶化的原因。从日出到日落,UVA一整天都存在，全年无休。UVA不仅会穿透窗帘、云层，甚至阴天或雨天你也无法避开它。

它不只能穿透表皮,使黑色素增生,还能深入肌肤的真皮层，使胶原蛋白（胶原纤维）与弹力纤维变形，说白了就是会引起肌肤老化。

* 紫外线B(UVB) —— 夏季时需格外注意

　　UVB在夏天时会大量增加，虽然它的波长比UVA短，不会侵入肌肤内部，但是它的能量大，如果接受太多UVB照射，肌肤会晒伤。UVB还会让肌肤免疫力下降，容易诱发细菌感染，并可能诱发皮肤癌，可以说对人体的光生物学影响非常大。

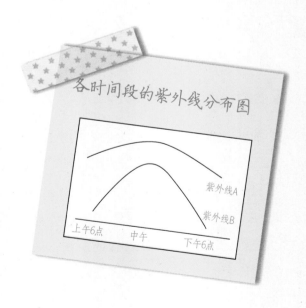

各时间段的紫外线分布图

紫外线A
紫外线B
上午6点　　中午　　下午6点

防晒产品有哪些种类？

防晒产品的有效成分主要有两种：化学隔离成分与物理隔离成分，它们各有不同的功能与特性。不过，我们使用的防晒产品大多同时含有这两种成分。

* 化学性防晒产品（化学吸收剂）是什么？

化学性防晒产品是指通过吸收紫外线减少肌肤对紫外线吸收的产品。化学性防晒产品一般是无色透明的，对肌肤

化学吸收剂主要成分

oxybenzone（羟苯甲酮）

otyl methoxycinnamate
（水杨酸盐类）

octinoxate（桂皮酸类）

刺激小，延展性好，且美容性能优越，不会出现让脸变白或是过白的情形。

　　化学吸收剂抵御的对象是会引发晒伤的UVB，所以预防斑点与光老化效果显得不足。它的缺点是，每种成分都只能吸收一定波长的光线，因此如果想要阻断大部分的紫外线，就必须同时使用很多种成分。

　　化学吸收剂涂在肌肤上后，很容易被分解或吸收，随着时间的流逝，肌肤表面防晒产品的浓度越来越低，隔离效果也越来越差。不过，化学吸收剂最大的问题是，有的使用者用后肌肤会产生瘙痒或灼热等反应。这是因为这些化学成分吸收紫外线后产生的能量或副产物，会引发接触性皮炎。例如，常用的化学防晒剂对氨基苯甲酸（para amino benzoic acid,PABA）就容易引起肌肤敏感，因此很多国家的法规都对化妆品中PABA的浓度，有非常严格的规定。

　　为了弥补这样的缺点，新的化学防晒成分应运而生，例如Ecamsule(又被称为麦素宁滤光环,Mexoryl SX)、优色林全频滤光剂（Bemotrizinol、Tinosorb S ）、Bisoctrizole等。这些成分本身就能阻断UVA，还可以作为紫外线吸收剂阿伏苯宗（avobenzone）的光稳定剂发挥作用，所以更加安全。

* 物理性防晒产品（紫外线散射剂）是什么？

所谓物理性防晒产品是指能反射或散射紫外线，从而达成保护肌肤功效的防晒产品。与化学吸收剂不同，物理性防晒产品的防晒原理是在肌肤表面形成一层保护膜，来隔离UVA和UVB，因此一涂上就立刻具有防晒效果。

物理防晒剂是涂在肌肤表面上的，几乎对肌肤没有什么刺激，在化妆品中的添加量也很少有限制规定。将其涂抹在鼻子或耳朵等特定部位时，确实能看到防晒效果。

物理性防晒产品最大的优点就是在隔离紫外线时不会产生其他的衍生物，还能长效防晒，加上不会引发过敏反应，连敏感性肌肤也能使用。

但物理性防晒产品的延展性不佳，而且涂在肌肤上会隔绝空气，形成一个密闭空间，因此有可能会诱发痘痘、毛囊炎或汗斑等。还有，它涂在肌肤上会有泛白现象。虽然物理性防晒产品能同时阻隔UVA和UVB，不过其阻隔UVB的效果比化学性防晒产品差。

* 防晒功能补充剂与它的意义

防晒功能补充剂顾名思义就是加强防晒产品功能的成分，大致可以分成活性物质与光分解抑制剂两种，具体的功能及原理如下。

活性物质（抗氧化剂，渗透调节物）

紫外线会破坏皮肤细胞的DNA，生成嘧啶聚合物（pyrimidine polymer），在这个过程中会产生有害于细胞的氧化代谢物，加快细胞老化。因此很多防晒产品会添加维生素C、维生素E或是多酚类等抗氧化物来防止细胞受损。最近，渗透调节物（osmolytes）也被添加到防晒产品中，例如牛磺酸-13（taurine 13）、天然细胞保护剂-14（ectoine 14）、DNA光解酶（photolyase）和T4核酸内切酶V（T4 endonuclease V）等，这些物质都能帮助预防遗传物质的损伤。

光分解抑制剂

化学吸收剂会随时间被分解，所以防晒效果不持久，而且对肌肤具有刺激性。所以，近来很多厂商致力于在化学防晒产品中添加光分解抑制剂来增加产品的稳定性，比如维生素C、维生素E都是主要的光分解抑制剂。根据情况不同，有的产品会添加Meroryl SX，Meroryl SX具有和巴松1789防晒剂相同的效果。

防晒功能补充剂是为了增强产品的防晒功能而添加的。不过，除了在防晒产品中增添能增强其功能的成分外，日常生活中其实也有能提升防晒产品功能的方法。举例来说，多摄取富含抗氧化剂的蔬菜和水果，使用含有维生素C、维生素E以及多酚的护肤品，都会有帮助。

此外，在涂抹防晒产品前先涂一层乳液，有助于防晒产品的延展，也能预防因为涂抹不匀所造成的肤色不均问题。

医生帮你解答
防晒产品的三大疑问

使用防晒产品时，使用者常常会有以下几个疑问。现在就来为读者一一说明。

问题1：防晒指数越高越会刺激肌肤？

SPF指数越高表示产品含有的化学吸收剂越多，带给肌肤的刺激往往越大。不过现在市面上很多产品都添加了物理性防晒成分，缩减了化学性防晒成分，相对来说对肌肤较安全。所以，防晒系数高的产品里也有不容易刺激肌肤的产品。

问题2：产品涂上去越白，效果越好？

防晒产品的物理性防晒成分含量越高，泛白现象就越严重。现在已有将物理性防晒成分纳米化的产品上市，不仅能减少泛白现象，使用体验也不错。因此，以产品的泛白现象来判断防晒能力，根本是无稽之谈。

泛白现象

紫外线散射剂不会渗入肌肤，而是在肤表形成一层膜，所以涂抹后皮肤看起来有变白的现象。散射剂的粒子越大，泛白现象越明显。

问题3：氧化锌纳米粒子安全吗？

物理散射剂之所以比化学吸收剂安全，就是因为它不会被人体吸收。如果将物理散射剂纳米化，它就会被人体吸收。纳米粒子越小，越能被深入吸收。因此，虽然将物理散射剂纳米化能减少泛白现象，但是就物理散射剂的根本作用来看，它根本不需要深入肌肤。不，应该说深入到肌肤真皮层反而不好。氧化锌粒子的大小，应该以无法穿透肌肤真皮保护层为佳（大于500道尔顿）。虽然目前也有探讨纳米氧化锌致癌危机的论文，但这一结论尚未被证实。

SPF、PA是什么？

* 防晒指数（sun protection factor,SPF）的秘密

大家常认为SPF就是紫外线隔离指数，其实并不是这样。

SPF是标示产品阻隔UVB能力的单位，但SPF并不能表示产品对紫外线中UVA的阻隔情况。那么，什么时候才要看SPF呢？当你要到海边或是户外，并且担心会晒伤时，SPF就是一个非常重要的单位。

SPF计算公式

$$SPF = \frac{涂抹防晒产品后多久会晒伤}{没涂防晒产品多久会晒伤}$$

如公式所示，SPF是以推测涂了防晒产品后肌肤会被晒红的时间，来除以如果不涂防晒产品，将肌肤暴露在UVB中被晒红的时间，所求得的数值。

举例来说，我们让双手都照射UVB，右手涂上防晒产品，左手不涂，左手10分钟就晒红了，而右手经过100分钟才会晒红，那么我们就可以算出这个产品的防晒指数是10。因此，SPF值低，不仅表示防晒效果差，同时也表示持续时间短。

* 产品外包装上标示的SPF值得相信吗？

在测定SPF时，每个国家甚至每个机关的检测环境和基准都不同。因此，就算是标示着相同防晒指数的产品，实际的防晒效能也有可能不同。

比较欧洲和美国的标准会发现，欧洲对SPF的标记标准较严格。一样是SPF30的产品，欧洲产品的防晒效果比美国的要好。

还有，实验室光源的波长和实际生活中紫外线的波长有所不同，地区、季节与时段不同，紫外线的波长和强度也会有差异。因此，防晒产品实际涂抹在肌肤上时，会产生和实验室不同的结果，所以我们在选择产品的SPF时，应该特别留意。

* 防晒指数和紫外线阻隔效果的关系

如果以"到达肌肤紫外线的量"为基准来看，很多人会认为SPF30的产品，其防晒效果是SPF15产品的两倍。不过，如果以"渗透率"来看的话，就全然不是这么回事。每个产品的防晒效果都会因为里面添加的抗氧化剂与光分解抑制剂含量的不同而产生偏差，所以很难准确地掌握产品的防晒能力。因此，虽然防晒指数非常重要，不过在购买防晒产品时，一定要仔细阅读成分表，看看是否含有抗氧化剂或是光分解抑制剂。

* SPF指数与防晒时间的关系

防晒指数（SPF）是阳光中紫外线引起晒伤前保护皮肤时间的概念。产品的防晒效果取决于使用的防晒效能成分以及阳光中紫外线的强弱。

通常情况下，SPF30的防晒产品，其防晒效果一般能持续7.5小时至10小时。（仅限于按要求足量涂抹，光源和紫外线强度一样的条件下有效地使用，即在实际生活中，持续时间易变短。）

* PA指数和PPF指数

PA是表示产品阻隔UVA能力的数值。简单来说，PA数值就是反映产品能防止雀斑、斑点等色素沉淀或是光老化程度的指标。

$$PA = \frac{没有涂抹防晒产品位置的PPD}{涂抹防晒产品位置的PPD}$$

*PPD：最少持续色素沉淀的紫外线量（最少的延长持续晒黑时间）。

PA指数可按"+"的数量分为三个等级，涂抹PA+的产品隔离UVA的效果是不涂的两倍，PA++是4倍，PA+++是8倍。

06

如何正确使用防晒产品？

　　正确使用防晒产品，不只可以预防晒伤，还有助于预防日光性角化病、扁平细胞癌、黑色素母斑、黑色素瘤等。此外，做好防晒还能预防与延缓光老化，防止肌肤产生斑点与雀斑等色素沉淀，甚至还可预防日光过敏症之类的光敏性疾病以及因为紫外线造成的免疫力下降等。防晒产品有很多优点，不过如果使用方法不当，效果可是会减半的。现在，就让我们来了解一下如何正确使用防晒产品吧。

在实际生活中,可以根据TPO原则来选择防晒产品。

✳ Time(时间)

外出前30分钟涂抹

使用化学性防晒产品时,要想让化学吸收剂彻底发挥作用,就要等它们被皮肤吸收。阻隔紫外线的成分在肌肤上均匀而紧密地附着需要15~30分钟。

美肌老师的小叮咛

人的面部肌肤面积是400~600平方厘米。那么要涂抹整脸一次,防晒产品的用量约是多少呢?答案是0.8~1.2克,也就是相当于一颗红枣大小,一小茶匙的量。相信大家一定很惊讶要涂到这样的量。尤其是夏天到海边时,我们全身约要涂30(小孩)到60(大人)毫升的防晒产品,大约是一瓶的量。防晒产品需涂抹比大家想象中更多的量的确是事实。

用在乳液之后，彩妆之前

根据实验，最好先涂上乳液再涂防晒。涂上乳液后再涂抹防晒产品，有助于将产品推匀，而且也能提升防晒效果。

含有防晒成分的饰底乳、BB霜、粉底、粉饼和蜜粉等多功能彩妆产品，其防晒功效和一般防晒产品相比并没有什么不同。不过在上妆时，这类产品的使用量通常远比防晒产品少，因此很难期待它们的防晒效果。为了得到切实的防晒效果，建议在上妆之前涂上防晒产品。

如果要获得好的防晒效果，必须涂抹足够的量，维持厚度均匀，让肌肤好好吸收。轻轻拍打的方式比推抹的方式更能均匀分配防晒产品。多次少量地涂上，比一次涂得厚厚的更均匀且不会晕染。

每两个小时补涂一次

综合许多论文的研究结果，补涂防晒产品效果最理想的方法是FDA（食品药品监督管理局）建议的方法——每两个小时补涂一次。在第一次涂上防晒产品后，隔20分钟再补涂一次，更能提升防晒效果。

事实上，大部分人涂抹防晒产品的量，根本不到建议用量的四分之一。因为涂抹的量实在太少，所以实际的防晒功效达不到产品标示的三分之一或四分之一。

举例来说，如果涂SPF20的产品却只涂了建议用量的四分之一，那么防晒效果就不到一个小时。再加上涂完防晒产品后，还历会经流汗、风吹以及用手摸脸等损耗。其实，一般SPF20的产品的防晒效果，充其量也只有一个小时而已。如果涂着平常用的SPF20的产品，在中午11点到下午1点间到阳光强烈的海边去，应该不到30分钟就会被晒伤了吧！

近几年，防晒产品的新技术层出不穷，例如在光安全性的过滤上，厂家开始在产品中加入对苯二甲基二樟脑（ecamsule，drometrizole trisiloxane）、巴松1789、2，6－二甲酸二乙基己酯（diethylhexy2,6）等成分来提升隔离紫外线的安全性。此外，化妆品厂商还在产品中添加抗氧化剂等防晒功能补充剂，通过将物理防晒剂纳米化和增加其含量，将防晒系数提升到SPF50以上，甚至还加入防水功能。很多产品的实验结果证明，其能有效防晒8~15小时。光看防晒指数，不免会让人觉得一天只要涂一次就够了，实在不需要补涂，但是这是在涂抹至建议用量的前提下。如果将一般人使用防晒产品的量，以及风吹日晒等环境因素一同考虑进去，应该每2~3小时补擦一次。

不同剂型的防晒产品该怎么选择?

防晒霜 —————— ○ 持久力佳且防晒效果好，缺点是黏腻。

防晒乳 —————— ○ 易吸收，易服帖，不过因为质地比乳霜稀，防晒效果略差。

防晒胶 —————— ○ 有点黏腻，常被运用在强力的防水产品中。

防晒膏 —————— ○ 在眼周或是嘴角局部使用比用在全脸效果更佳。

防晒喷雾、蜜粉 —— ○ 在上粉或喷洒时，会有很多颗粒飞散在空气中。由于不太容易被肌肤吸收，因此防晒效果差。不过因为容易卸除，所以比其他剂型更适合用于补妆。

防水防晒产品

防水防晒产品是指添加了耐水性物质，以防止防晒成分被汗或水冲掉的产品。防晒产品只要有足够的耐水性就能获得"Water Resistant"（耐水）的标志。此类产品适合从事水上活动时使用。

认证标志的给发标准

涂抹产品后在水中浸泡40分钟后来检测SPF，如果与之前一致就能获得"Water Resistant"的认证标志。涂抹产品后在水中浸泡80分中依然能维持相同SPF的，可获得"Very Water Resistant"（非常耐水）的认证标志。

* Place(地点)

雨天也有70％的紫外线，就算是在室内，也不表示能免于紫外线的伤害,90％的紫外线会穿透透明玻璃窗。那么窗帘呢？约有40％的紫外线能穿透窗帘。室内使用的灯光呢？虽然一般的日光灯只含有日光百万分之一的紫外线，不过有研究报告指出,LED灯也会释放出紫外线。因此，最好养成在室内也涂抹防晒产品的习惯。

* Occasion（场合）

　　夏季度假时要特别注意涂抹防晒产品。就算平常很仔细地涂抹防晒产品的人，长时间待在户外时，也容易忘记按时足量涂抹。如果使用物理性防晒产品，由于其不会被皮肤吸收且容易被水洗掉，因此应该在下水前30分钟涂抹。如果长时间进行户外活动，应该使用SPF高的防晒产品，并多次补涂。

　　冬季时，很多人会到滑雪场滑雪。由于滑雪场的气温相对较低，而且雪会反射80％~90％的紫外线，因此，其危险程度和夏天的海边并没有多大差异。滑雪后常有人有肌肤泛红或是发热的现象，这可能就是晒伤的表现。肌肤发热会加速肌肤水分的蒸发，使角质明显并让肌肤变得干燥粗糙。

　　因此，去滑雪场滑雪前最重要的护肤工作就是防晒。最好使用能同时阻隔UVA和UVB的SPF50、PA+++的产品，而且要每隔两到三个小时补擦一次。

07

想美白，就得阻断黑色素!

相信很多女生都有这样的困扰：白天化好妆出门，一到下午妆就掉光，眼周和颧骨部位的斑点和瑕疵变得更明显了。如果你是完全没有色斑困扰、二十岁出头的人，那么现在就是你预防色斑的关键时期。等到色斑形成后再保养就太迟了。肌肤上的斑点一旦形成，不但很难用化妆品来改善，就算接受激光治疗，也难以保证能百分百消除。因此，对于色斑类肌肤问题，请大家记得"预防重于治疗"这句话。

亚洲女性的梦想之一，就是拥有白玉般白皙无瑕的肌肤。在东南亚甚至有这种说法：肌肤白皙的女性象征贵族或是有钱人。白皙又干净的肌肤不仅贵气，而且会让人感觉年轻。尤其是随着年纪增长，脸上开始长出斑点的女性，更是对白皙无瑕的肌肤有种执着。那么，现在就让我们来了解一下皮肤为什么会变黑、斑点是怎么长出来的以及肤色是由哪些要素决定的。

决定人肤色的原因有很多：如黑色素、叶红素、血红素等。其中，黑色素对人体肤色的影响约占90％以上。

有一个非常有趣的事实：白种人体内黑色素细胞的数量和黄种人、黑种人一样。那么，为什么不同人种之间会产生肤色差异呢？这是因为我们的不同不在于黑色素细胞的数量，而是黑色素的大小与数量。

皮肤变黑是因为黑色素细胞增加吗？

黑色素是由位于表皮最外层（角质层，真皮层正上方）的黑色素细胞所制造的。黑色素细胞制作出色素，通过长长的通道将色素注入角质细胞中。最后黑色素会因为氧化作用而变黑。因此，黑色素细胞可以说是制造色素的工厂。

也就是说，黑种人皮肤中的黑色素大且多，相反的，白种人的小且少。不过就算是相同的人种，黑色素细胞的活跃度不同，其黑色素的数量及大小也会有差异。活跃度高的黑色素细胞会制造出很多的黑色素，反之，不活跃的则不会。事实上，肌肤检测发现，痣所在部位的肌肤，其黑色素细胞的活跃度高于其他部位的肌肤。因此，不刺激黑色素细胞就是美白的第一步。

08

美白产品该怎么使用?

如果我们的身体里没有负责制造黑色素的黑色素细胞,会怎么样?雀斑和黑斑的苦恼就会消失吗?不是的,并不是这样。如果没有黑色素细胞,我们的身体就完蛋了。举例来说,如果没有黑色素细胞,我们就会得白化病;而局部缺乏黑色素,就会得白癜风;没有黑色素,身体会长期为晒伤所苦,骨头会变脆弱,也容易罹患皮肤癌。因此,黑色素是身体必需的。体内必须要有一定的黑色素,才能保护我们免受紫外线的伤害,也才能合成骨骼必需的维生素D。所以,虽然过多的黑色素会造成美容上的困扰,但是黑色素本身不是有害的存在。

那么,如果想拥有白皙的肌肤,该怎么做呢?既然无法杀死黑色素细胞，答案不就很明显了吗？没错，答案就是减少黑色素细胞，也就是阻碍黑色素的生成，或是减缓黑色素生成的速度。

大家都知道维生素C具有美白的效果，它之所以有美白功效，就是因为它能妨碍黑色素生成的过程，并缓和色素的氧化。到皮肤科去治疗黑斑时，医生常会使用维生素C来进行离子导入，使其强行进入肌肤，以达到治疗作用。

除了维生素C外，维生素A或对苯二酚都具有美白效果，它们能抑制在色素生成过程中扮演相当重要角色的酪氨酸酶（tyrosinase）的作用。最近，能抑制黑色素移动的成分也被使用在美白产品中。因此，美白产品的原理就是延缓、抑制黑色素细胞的生长、移动。

不过，人的皮肤所处的环境比实验室的环境要复杂，因此在实验室中得到的美白效果，实际上很难在肌肤上看到。不久前有一种美白产品宣称能实现"14天的改变"，在皮肤科医师看来，只不过是吹牛而已。简而言之，商家只是让大家怀有不可能实现的梦想，我想他们应该光是处理顾客投诉就相当头痛了吧。皮肤科的临床经验显示，美白产品一定要持续使用3个月以上才能看到效果。

＊ 防晒产品比美白产品重要

一说到美白，一般人就会想到昂贵的美白产品与去角质换肤产品，其实美白的第一步是防晒。紫外线会刺激黑色素细胞的活性，使黑色素增生。不过就像我们之前说的，已经生成的黑斑是很难消除的，因此，之前的预防工作显得更为重要。与其去买昂贵的美白产品，不如每天仔细地涂抹防晒产品。用去角质产品来进行角质护理，也有美白的功效，因为去角质可以把累积在角质层的黑色素一起去除。好，现在就让我们来为美白三部曲做一个整理吧!

第一，随时不忘防晒，可以预防黑色素生成。

第二，定期去角质能去除累积的色素。

第三，美白产品一定要持续使用3个月以上。

09

皱纹是怎么来的？

人为什么会长皱纹？皱纹其实源自老化。皮肤是人体中老化最快的器官，总是不断地接受外在环境的刺激，随着时间流逝，自然的生物老化（intrinsic aging）和因环境而引起的老化会同时发力。

目前，老化的机制有两种假设：一种是主张老化是由于遗传因子变化而产生的注定论（programmatic theory）；另一个种是认为遗传因子与蛋白质上累积了一定的环境伤害，就会引起老化的随机论（stochastic theory）。

一般的细胞都按这两种机制不断地老化，但是皮肤的老化速度会因为光老化（photoaging）这样的环境因素而加快。

＊ 真皮层的胶原蛋白，对老化有很大的影响

并不是只有表皮层（包含角质层）老化才会产生皱纹，真皮层老化也会导致皱纹产生。

从老化的肌肤中可以观察到多种肌肤组成成分的变化，不过最明显的还是胶原蛋白的变化。胶原蛋白（胶原纤维）不在表皮（epidermis）中，而是位于它下面的真皮（dermis），占皮肤干重（扣除水之后的重量）的70％~80％，是皮肤相当重要的组成成分。胶原蛋白有一定的张力（tensile strength），能维持肌肤弹性，因此胶原蛋白如果变形的话，肌肤就会变得皱巴巴的。直径约1厘米的胶原蛋白可以抓住约40千克的重物，其韧性可想而知。也因为胶原蛋白这强大的抓力，我们的肌肤才能免于因地球重力而下垂。不过这当然是在胶原蛋白还年轻，能够抵抗重力的时候。

25岁之后，胶原蛋白增生的速度会减缓，相反地，其分解的速度却会加快，胶原纤维会随之疲乏。由于真皮的密度变小，皮肤会变得松弛，皱纹也变得明显。皮肤科用来治疗老化的激光治疗，其原理几乎都是利用激光刺激胶原蛋白增生。

很多功能性护肤品都强调添加了抗衰老成分，从维生素A到生长因子，这些都能促进胶原蛋白的新生。当然，效果没有皮肤科的激光手术那么强。不过抗衰老产品和美白产品一样，要长期使用才能看到效果。

* 抗衰老护肤品能补充肌肤流失的胶原蛋白吗？

就算完全不了解皮肤，我还是不敢相信有人会相信这么无知的话。肌肤具有防止外界物质侵入肌肤内部的保护机制，尤其在表皮和真皮之间还有一个相当狭小，叫作"真皮表皮连接"（dermoepidermal junction）的构造。一般的物质都无法穿透它，只有分子量在500道尔顿以下的物质才能通过，而胶原蛋白的分子量高达30万道尔顿。因此，我们擦的胶原蛋白护肤品，当然不可能被真皮层吸收，只能在角质层里发挥保湿作用罢了。希望大家不要再被那些宣称涂抹胶原蛋白产品能恢复肌肤弹力的广告欺骗了。

* 紫外线是肌肤老化的主因

就像前面说的,造成肌肤老化最主要的环境因素是紫外线。紫外线不只会让角质层变得又粗糙又厚,也会让真皮层发生变化。紫外线会引发胶原蛋白变形或弹力纤维严重变形,最后使角质层变厚、真皮层变薄,肌肤因而失去弹力。此外,紫外线还会造成毛细血管增加、色素沉淀或色素消失等变化,严重的还会引发皮肤癌。

肌肤光老化带来的变化

1. 皮肤变粗糙
2. 皮肤变干燥
3. 色素沉淀(痣、黑斑、雀斑)变严重
4. 皱纹变深
5. 毛细血管扩张现象明显
6. 皮肤松弛下垂
7. 皮肤很容易产生淤青,看起来像伤疤
8. 严重时导致皮肤癌

10

哪些不良生活习惯
会加速肌肤衰老?

　　导致衰老的原因中，最主要的环境变因就是紫外线。光老化不只会影响角质层和表皮层，还会深入真皮层，导致大范围的衰老。除了紫外线，以下这些不好的生活习惯，也会让你的肌肤提前老化。

＊ 吸烟

　　根据研究，吸烟对女性的衰老影响相当大。如果一天吸一包烟，很快皱纹就会跟白头发一样多了。

　　从组织学来看，吸烟者的皮肤结构和晒伤的人一样，都能看到弹力纤维损伤的情况。吸烟会导致角质层的含水量下降，皮肤的雌性激素减少，从而使肌肤变薄变干。更可怕的是，吸烟有增强光老化的效果,现在还有人推测长期吸烟会导致皮肤癌。如果不涂防晒霜就在阳光下吸烟,皮肤癌的发生概率会大增,最著名的例子就是"水手皮肤癌"。所谓"水手皮肤癌"是指好发于经常在海上航行的船员嘴角的皮肤癌,其发病原因就是水手经常在强烈的紫外线下吸烟。

* 不喝水,却喝很多的咖啡

人体水分不足,肌肤的弹性会下降且容易变干燥。也就是说,如果体内的水分不足,肌肤的水分也会不足。因此,最好能养成喝水的习惯,避免肌肤缺水。咖啡具有利尿作用,反而会让人体缺水,所以喝水比喝咖啡有益于肌肤。

* 习惯性摸脸

习惯性摸脸很容易引起脸部肌肤问题或者痘痘危机。这个习惯不仅会诱发痘痘,还会使其发炎的症状恶化,因此一定要节制。肌肤如果反复发炎,就会变得又厚又粗糙。

＊ 平常不吃蔬菜水果

水果和蔬菜含有多种维生素与矿物质成分，具有抗氧化效果，能修护老化细胞，增加肌肤弹力并提供水分，是肌肤非常重要的能量补给来源。为了维持肌肤的健康，一定多吃蔬菜水果。

＊ 不卸妆就睡觉

如果不卸妆就睡觉，化妆品的残留物质会在肌肤上腐坏，成为肌肤问题的诱因，不仅会阻塞毛孔，还会诱发痘痘。因此，睡前一定要仔细地将彩妆卸除干净。

11

可以抗衰老的护肤品成分

* 维生素A(vitamin A)

现在是抗衰老护肤品的蓬勃发展期。从20世纪70年代开始，维生素A酸（retinoic acid)就被广泛地运用在抗皱与美白等医学美容领域。维生素A酸是药物成分而不是化妆品成分，是维生素A诱导体的一种，它有助于修复紫外线引起的光老化问题，因此虽然它较刺激，皮肤科还是经常使用。维生素A和维生素A酸相比，生物学活性较低，刺激也较小。

* 生长因子（growth factors）

细胞生长因子的种类非常多，有表皮细胞生长因子（EGF，epidermal growth factor），还有角质形成细胞生长因子（KGF，keratinocyte growth factor）、神经细胞生长因子（NGF，nerve growth factor）、类胰岛素生长因子（IGF，insulin-like growth factor）、肝细胞生长因子（HGF，hepatocyte growth factor）、内皮细胞生长因子（endothelial growth factor）等。生长因子与细胞的活性化和非活性化有关。

在上述生长因子中有几个很重要的成分，其中最具代表性的就是表皮生长因子，其发现者获得了1986年诺贝尔医学奖。表皮细胞生长因子是由多个氨基酸所组成的小分子肽，是一种蛋白质，与肌肤的分化、增殖和伤口复原有关。除了表皮生长因子，还有转化生长因子-β（TGF-β，transforming growth factor-β）和碱性纤维母细胞生长因子（bFGF，bfibroblast growth factor）等多种生长因子被运用在皮肤治疗剂和护肤品中。这些生长因子与其他现有的化学成分相比，不仅生物学活性较好，而且能直接作用在目标细胞上，效果也比较好。

* 胜肽 (peptides)

胜肽是由两个以上的氨基酸所组成的蛋白质单位。用于护肤品的胜肽有许多种,这里主要讲细胞生长胜肽(growth factor-mimic peptide)。

前面我们提到,以EGF为主的生长因子虽然效果好,但价格昂贵。为了克服这个困境,科研人员最近研发出了将细胞生长因子的有效成分分离出来的技术。这种分离出来的成分,被称为细胞生长胜肽,具有和细胞生长因子相似的效果,但分子量小且价格低。从生物学上来说,细胞生长因子和生长胜肽的活性较高,因此,专攻皮肤科学的皮肤科医师认为,细胞生长因子和生长胜肽的研究应该是抗衰老护肤品未来发展的重点。

美肌老师的小叮咛

近来,随着生物科学和皮肤科学的发展,能帮助细胞生成的物质不断地被研发出来。这些成分被广泛地运用在护肤品中,因此我们可以预测,护肤品的效能将不断提升。

干细胞化妆品里没有干细胞?

21世纪初期，黄禹锡博士曾引发"干细胞热潮"，自那以后，有多家化妆品公司争先推出了昂贵的干细胞化妆品。但是，这些化妆品里果真含有干细胞吗？其实不然。"干细胞化妆品"这一说法用一个词来概括就是无稽之谈，稍微不慎就会变成诈骗行为。因为干细胞原本就不是能够被加入化妆品的成分。

那么，怎么会有了干细胞化妆品这一说法呢？实际上，化妆品里添加的不是干细胞，而是将培养干细胞的培养液精制之后获取的提取物。干细胞所分泌的物质大部分为提高细胞的生物学活性的成分，但是，仔细观察就会发现那些成分大体上都是生长因子和各种细胞因子（cytokiness）。添加了这些物质的化妆品不应该叫"干细胞化妆品"，其正确的叫法应该是"添加干细胞培养液的化妆品"，这样才不会产生误解。

12

如何正确使用 抗衰老产品？

＊ 抗皱产品该从何时开始使用？

抗皱产品该从何时开始使用并没有明确规定，不过从皮肤科学的角度来看，25岁之后就可以考虑这一问题了。大约25岁过后，我们就会发现笑的时候肌肤有点松、眼角开始出现细纹，用镜子仔细观察皮肤，还会发现之前没有的瑕疵，这时我们会对肌肤的变化感到很惊讶。到30岁时，我们就能随时感受到肌肤老化的现象。大家应该都在为了拥有比同年龄的人看起来更年轻的童颜而煞费苦心吧。请不要忘记，只要勤劳地做好防晒，就能延缓肌肤衰老的速度。

13

使用护肤品前，
你一定要知道的4件事

① 天然、有机护肤品真的最好吗？

自然主义护肤品一度非常流行，不过是否因其叫作"自然主义"就真的干净又安全？在皮肤科医师看来，这些产品真的很让人担心。这是因为，我们知道，那些标榜自然主义并制造出自然主义护肤品的人也知道，他们根本没有依照自然原则来制造护肤品。老实说，他们也不可能将自然的物质制造成护肤品。"自然主义"不过是一个毫无根据的营销字眼，用来获取广大消费者的好感而已。很多品牌都宣称自己是自然主义化妆品，不过里面一样添加了防腐剂、色素与表面活性剂等化学成分。大家一定要记住这个可怕的事实，那就是越便宜的产品的确越有可能添加廉价的成分。

那么，在家里自己制作的"手工天然护肤品"安全吗？虽然很多读者希望能听到肯定的答案，但事实并非大家所想的那样。在我二十多年的临床治疗经历中，最常见的就是因为各种民间疗法而引发副作用的患者。例如，为了治疗痘痘而在脸上涂了不知名的药草，结果晒太阳后发生光化学反应而引发严重过敏；长水泡的人，因为听说芦荟有镇静效果，就直接将芦荟切片敷脸，结果导致接触性皮炎……所谓的民间疗法或天然护肤品所引发的副作用，其实远多于大家的想象。

这些事情在美国这样发达的国家也很常见。在美国的皮肤科论文里，随处都能看到有关绿茶或是菊花引发过敏的报告，但是却从来没有见过论文里提到因为使用纯天然成分而使产品效果更卓越的例子。即使是去查阅《国际皮肤科研究会刊》（Journal of Investigative）或美国FDA的报告书，也经常能见到天然成分有毒性、致癌性或是刺激性的研究报告。天然护肤品公司听到后可能会很失望，但事实上，想在护肤品中添加天然成分，不可避免地要历经化学过程，并添加许多其他成分，大部分天然成分的特性在这个阶段就已经消失了。虽然随着网络的发达，关于护肤品制造的信息非常多，但是大部分都未经检验证实。

很多人认为，天然护肤品不使用防腐剂，所以比较安全，这只是大家的错觉而已。认为防腐剂是坏东西的想法，是先入为主的偏见。防腐剂对于化妆品来说，是绝对必要的存在。防腐剂有不同的种类，有部分防腐剂被怀疑对人体有害，但到目前为止，还没有哪种物质在医学上已经被明确证明有害。我必须斩钉截铁地说："不含防腐剂的化妆品反而更危险。"理由相当简单，不含防腐剂的化妆品相当容易变质并腐坏，而腐坏的化妆品是引起过敏和发炎的主因。如果我们在家中制作护肤品，在制作的过程中，将所有容器彻底杀菌并不容易，而制作好的护肤品也很难维持在无菌的状态。美国FDA的化妆品局局长Linda Katz（琳达·卡茨）就曾经明确地说："天然护肤品和有机护肤品，比以化学原料制成的一般护肤品，更容易发生微生物污染。"

②明确记录护肤品的开封日期

　　一般护肤品的有效期都是两年左右，这是因为有防腐剂才能维持这个期限。平常我们该如何保管自己的护肤品呢？护肤品在高温高湿的地方容易变质、腐坏，最好存放在阴凉且干燥的地方。

　　去年夏天开封的护肤品，使用几个月后就一直放着，一年后可以继续使用吗？当然不能安心使用。所谓的保质期，是指产品在没开封状态下能保存的时间。大家要知道，护肤品的成分与剂型不同,开封后的保存期限也不同。举例来说,用手挖出来使用的产品,由于被细菌污染的风险很高,最好在开封后尽快用完。就算是附赠挖勺的产品也一样,最好在开封后六个月内用完。

含有维生素C的产品,开封后的保存期限更短,因为维生素C一旦接触空气,就会开始变质。这类产品最好在开封后一个月内用完。要特别注意的是,维生素C如果被氧化了,对肌肤反而有害。而含有蛋白质和胜肽的产品,则对温度变化相当敏感,如果在阳光下放久了,成分就会产生变化,这么一来产品不只失去功效,还可能会成为皮肤的过敏原,这类产品最好在开封后六个月内用完。

克服护肤品保存期限的问题最好的方法就是标示出每瓶产品的开封日(opened date)。只要在每个护肤品上都标注开封日期,就能避免在使用存放了很久的产品时,内心的那种怪怪的感觉。

③ "好转过渡期" 是个借口

因为护肤品问题而求助皮肤科的人,常常会提到一个词,那就是"好转过渡期"。当使用护肤品产生副作用时,护肤品公司就会以此当作借口,骗消费者说是肌肤正在适应、排毒。不敢相信大家居然会相信这样拙劣的借口。说什么因为肌肤里累积了太多的毒素,所以现在正在排毒,过一两个月就会好转,应该耐心等待……。如果真的听话乖乖等待，皮肤才真的会烂掉呢！

我们的肌肤正在排毒？到底是通过什么成分，又是以什么样的机制，在排出哪里的毒素呢？肌肤的好转过渡期不过是个愚蠢的谎言，请大家不要再相信这样的谎言了。

④远离来路不明的危险护肤品

这类产品最具代表性的就是含有类固醇的产品。在护肤品中添加了属于药物成分的类固醇这样难以理解的事，却常能在新闻中看到。前阵子就有这样的案例：在电视购物台狂售几千罐，被称为奇迹疗愈乳霜的产品，还有由某个中医诊所研发出的天然汉方护肤品，号称具有治疗异位性皮炎的功效，后来都被检验出含有大量的类固醇，引起社会震惊。甚至连制药公司参与制作的护肤品，最后都被检验出含有类固醇，涉事公司还因此被判处禁止生产、销售产品12个月。

为什么这些产品会不断地出现，又不断地引发问题呢？这是因为类固醇有实时疗效，涂抹后立刻就能抑制炎症，并让人感觉肌肤状态变好。但是，类固醇是不能用于护肤品里的成分，它虽然能立即抑制炎症，但长期使用所带来的副作用是非常可怕的。

除了类固醇以外，最常引发肌肤问题的就是含汞的护肤品。

汞具有美白效果，但会被肌肤吸收，并储存在肾脏中。汞不只会破坏神经系统，还会使肾脏机能受损，导致慢性肾衰竭（renalfailure）等疾病。当然，没有人会明知产品里面含有汞却还硬要使用，问题就出在那些没良心的业者身上。前阵子，美国某知名品牌的护唇膏也被检验出含汞，身为消费者的我们应该学聪明一点。

Skin Mentoring

第五章
SOS！注意肌肤
发出的警告

　　为何过了青春期，痘痘仍然冒个不停？身体有时又干又痒，到底是过敏还是单纯的环境刺激？可别轻视这些小症状，这些都是肌肤发出的警告，如果置之不理，肌肤状况会越来越差。

01

别延误就医，
早一点发现肌肤问题

　　来我诊疗室的患者中，有很多人因为肌肤问题而感到自卑，心理也变得不健康。常见问题有红肿突起的痘痘、干燥脱皮的异位性皮炎，以及由护肤品所引发的肌肤困扰等。为大家解决这些肌肤困扰，就是我身为皮肤科医师的使命，也是我日常生活的一部分。不过，我认为皮肤科医生不应该只是治疗肌肤表面显现出来的问题，也应该观察为何会发生这些状况，并向患者说明原因。皮肤科医师不仅要为患者解决肌肤困扰，同时也应该成为能帮助患者维持肌肤健康的美肌老师。

到底为什么肌肤会出现奇怪的症状？原因非常多。不管原因是什么，请大家记住一点，那就是肌肤出现的任何状况，都是在向我们发出求救信号，绝对不能对它置之不理。一开始时就积极看待肌肤的求救信号，才是守护肌肤最聪明的选择。就算刚开始只是一些芝麻绿豆般不重要的小症状，长期下来也会演变成范围更大、更严重的肌肤问题。以前有一句话是："抓痒抓成疮疤"，再也没有比这句话更能贴切形容皮肤病的了。因为痒而不断搔痒，反而会让皮肤状况恶化。

　　用心倾听肌肤传递给你的信息，就可以脱离每天"瘙痒"的生活。

02

青春期都过了
为何还会冒痘痘?

　　曾经,我们认为痘痘只是青春期的象征。万一过了20岁脸上还冒痘痘,就会听到有人说:"你还在青春期吗?怎么会冒痘痘?"不知道大家听到这样的话时,会不会想"对啊,我已经20岁了,为什么还会长痘痘呢?"然后觉得很郁闷。

　　其实痘痘不只会发生在青少年身上,也是成年人常见的皮肤困扰。事实上,因为痘痘问题而向皮肤科求助的人,80％都是成人(也有可能是因为现在学生太忙,无法来医院)。

　　成人痘发生的主因就是压力。最近有越来越多的成年人因为压力、快餐文化、喝酒和化妆等多种原因而长痘痘。也有人在青春期拥有非常干净无瑕的肌肤,过了20岁,却突然变成痘痘肌。

身为皮肤科医师，我觉得最惋惜的就是，很多人都是脸上长满了痘痘后，才带着痘疤与变大的毛孔来医院求助。而这些痘疤大多是患者自己造成的，这更让我觉得惋惜。大部分痘疤，都是因为用不干净的手或是工具去挤痘痘而造成的。就算没有长痘痘，平时的保养也要特别注意；而痘痘如果严重发炎，很可能会留下伤疤，最好还是去看医生。我要再次叮嘱有痘痘的人，绝对不要用不干净的手去摸它。请大家一定要记得，留下的痘疤与变大的毛孔绝对不会自己好，而是会一辈子跟着你。

* 为什么会长成人痘？

冒痘痘是毛囊皮脂腺发炎的症状。我们的脸上有非常多的细毛，这些细毛生长的毛囊中就有被称为"皮脂腺"的腺体。皮脂腺制造的皮脂会通过毛孔排出，如果皮脂分泌过度旺盛来不及排出，就会导致面疱出现。

从皮肤科病理学角度来说，痘痘的成因大致可分成三种：第一种是毛孔的入口被老废角质阻塞；第二种是皮脂腺变大；第三种是皮脂腺内的痤疮丙酸杆菌增生，这个变化主要是受雄性激素（androgen）影响。

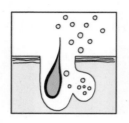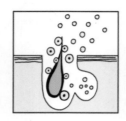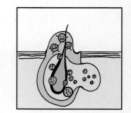

痘痘的演变阶段

雄性激素会使皮脂腺变大，变大的皮脂腺会分泌过多的油脂，导致毛孔入口的pH值和钙离子的浓度发生变化。这样的变化会导致毛孔附近的角质不正常增生而引发过角化现象，最后这些增生的角质会堵住毛孔。毛孔被堵住后，皮脂就更无法排出，而以皮脂为主食的痤疮丙酸杆菌，就会猖狂地开始大量繁殖。皮脂的主要成分是中性脂肪（triglyceride），而痤疮丙酸杆菌吃了中性脂肪后会排出游离脂肪酸，这些游离脂肪酸就是导致痘痘发炎的主要物质。因此，痘痘刚出现时会呈现白色，后来才慢慢变红。

压力大时，雄性激素分泌也会增加，也可以说压力就是痘痘恶化的主因。女性生理期前后，体内黄体酮（progesterone）分泌增加，会刺激皮脂腺分泌，从而促使痘痘长出或是让痘痘恶化。此外，不规律的作息也会影响激素的分泌，让痘痘冒出。

油性肌肤之所以好长痘痘，是因为皮脂分泌量大。过多的皮脂会稀释在毛孔外担任屏障作用的亚油酸，再加上毛孔周围的角质过角化现象，二者共同作用导致毛孔堵塞，从而引发痘痘危机。不过，干性肌肤并不是就不会长痘痘，请大家不要大意。

* 容易诱发痘痘的护肤品成分

从下两页表格可以看出，会诱发痘痘的成分非常多。每种成分的影响程度不同，有些只要低浓度就会诱发痘痘生成，有些则要很高浓度才会刺激痘痘生成。

如果你是为面疱所苦的人，希望你在选购护肤品时能活用下面两页表格的内容。仔细确认一下护肤品中的成分后再购买，这样就不容易有长痘痘的困扰。

会诱发痘痘的护肤品成分

●表示诱发痘痘的相关程度(●●● 高度 / ●● 中等).

乙酰化羊毛脂 ●●●	植物性白油 ●●●
乙酰化羊毛脂醇 ●●●	＃17红色色素 ●●●
海藻萃取物 ●●●	＃19红色色素 ●●●
褐藻酸 ●●●	＃21红色色素 ●●●
扁桃仁油 ●●	＃3红色色素 ●●●
杏仁油 ●●	＃30红色色素 ●●●
花生酸 ●●	＃36红色色素 ●●●
抗坏血酸棕榈酸酯 ●●	＃27红色色素 ●●●
鳄梨油 ●●	＃40红色色素 ●●●
甘菊蓝 ●●	油酸癸酯 ●●●
二十二烷酸 ●●	琥珀酸二辛酯 ●●●
苯甲醛 ●●	
苯甲酸 ●●	聚二丙醇一油酸二钠磺基琥珀酸酯 ●●●
丁基羟基茴香醚 ●●	聚氧乙烯羊毛醇醚 ●●●
氯氧化铋（可能导致囊性痤疮）●●●	棕榈酸乙基己酯 ●●
硬脂酸丁酯 ●●	月见草油 ●●
丁基羟基茴香醚 ●●	单硬脂酸甘油酯 ●●
白千层油 ●●	
茨酮 ●●	甘油二异硬脂酸酯 ●●●
羊蜡酸 ●●	葡萄籽油（提取物即可）●●
辛酸 ●●	十六醇 ●●●
角叉菜胶 ●●●	己二醇 ●●
十六硬脂酸酯 ●●●	植物性硬化油 ●●
十六硬脂酸酯+鲸蜡硬脂醇20●●●	异鲸蜡醇硬脂酸酯 ●●●
鲸蜡醇 ●●	油酸异癸酯 ●●●
洋甘菊 ●●	亚油酸异丙酯 ●●●
煤焦油 ●●●	异硬脂酸异丙酯 ●●●
可可油 ●●●	羊毛脂酸异丙酯 ●●●
椰子油 ●●●	肉豆蔻酸异丙酯 ●●●
椰子油硬油 ●●	棕榈酸异丙酯 ●●
胶态硫 ●●●	异硬脂酸 ●●●
玉米油 ●●●	异硬脂酸 ●●●
棉花油 ●●●	异硬脂酸异丙酯 ●●●
棉籽油 ●●●	异硬脂醇新戊酸酯 ●●●

羊毛脂酸 ●●●

月桂醇聚醚-23 ●●●

月桂醇聚醚-4 ●●●

月桂酸 ●●●

亚麻子油 ●●

貂油 ●●●

肉豆蔻醇聚醚-3十四酸酯 ●●●

肉豆蔻酸 ●●●

肉豆蔻醇乳酸酯 ●●●

肉豆蔻醇肉豆蔻酸酯 ●●●

棕榈酸辛酯 ●●●

硬脂酸辛酯 ●●●

辛基月桂醇 ●●●

十八烯酸 ●●

油醇聚醚10 ●●

油醇聚醚3 ●●●

油醇 ●●●

橄榄油(橄榄油提取物即可) ●●

棕榈酸 ●●

桃仁油 ●●

花生油 ●●

聚乙二醇100二硬脂酸酯 ●●

聚乙二醇150二硬脂酸酯 ●●

聚乙二醇16羊毛脂 ●●●

聚乙二醇200 月桂酸酯 ●●●

聚乙二醇200 月桂酸酯 ●●

聚乙二醇8硬脂酸 ●●●

季戊四醇四异硬脂酸酯 ●●

丙三醇二辛酸酯 ●●

丙三醇二辛酸酯 ●●

丙三醇单硬脂酸酯 ●●●

3-二异硬脂酸聚甘油酯（必须出现"3"）
●●●

氯化钾 ●●●

聚丙二醇十四酰丙酸盐 ●●●

丙二醇单硬脂酸酯 ●●●

红藻 ●●●

檀香籽油 ●●●

芝麻油 ●●

鲨鱼肝油 ●●●

盐（食盐或氯化钠） ●●●

十二烷基醚硫酸钠 ●●●

十二烷基硫酸钠（在皮肤堵塞的毛孔上留下
一层薄膜） ●●●

羊毛脂醇聚氧乙烯16醚 ●●●

山梨醇油酸酯 ●●●

三油酸己六酯 ●●●

豆油 ●●●

硬脂醇聚醚10 ●●●

硬脂醇聚醚2 ●●●

硬脂醇聚醚20 ●●

硬脂酸 ●●

硬脂酸三乙醇胺 ●●●

硬脂醇 ●●

硬脂醇庚酸酯 ●●●

硫酸化蓖麻油 ●●●

硫酸化荷荷芭油（荷荷芭微粒即可） ●●●

硬脂醇庚酸酯 ●●●

生育酚（盐酸生育酚酯即可） ●●

三乙醇胺 ●●

维生素A棕榈酸酯（仅适用于这种形式的维
生素A） ●●

小麦胚芽油甘油酯 ●●●

小麦胚芽油 ●●●

二甲苯 ●●●

03

痘痘肌的正确保养法

虽然很多护肤品成分的确有致痘嫌疑，不过也有很多痘痘是来自不当的保养方式。因此，我一直在想，正确的保养方法会不会才是拯救痘痘肌的终极方法。

如果去采访高考状元，经常会听到这样的话："读书没有什么秘诀，努力就对了。"然而，痘痘肌的保养却不是这样。

在我公开痘痘肌护理的秘诀之前，先把前提告诉大家，那就是：没有任何一种居家保养比去皮肤科接受治疗更有效。即便如此，也没有办法每天都去皮肤科报到吧？

无法接受皮肤科的治疗时，在日常生活中正确使用能改善痘痘的护肤品，才是聪明的选择。

第一，要正确地洁面

在我们的周遭，常听到大家这么建议痘痘肌的人："用肥皂洗脸才能把脸上的油洗掉""要经常洗脸"。不幸的是，这样只会让痘痘恶化。许多皮肤科研究报告显示，频繁地洗脸反而会刺激皮脂腺分泌，使痘痘更严重。一天只要洗脸两到三次就足够了。当肌肤处在弱酸性的状态时，肌肤上的有益菌（normal flora）能够抑制会引发二次感染的病菌（葡萄链球菌和B群链球菌）的增殖。如果使用肥皂洗脸，会让肌肤的酸碱值变成碱性的，反而会造成二次感染，使痘痘的情况恶化。

要尽可能使用温和的洁面产品来洗脸，轻轻地将残留在毛孔里的老废物质与污染物质一并洗净。如果化了浓妆，则需要重复洗两次。

第二，要定期去角质

痘痘一般都是在毛孔因为角质化而被堵住的情况下发生的，毛孔被堵住会导致皮脂腺分泌的皮脂无法顺利排出，从而使毛孔变成细菌滋生的空间。因此护理痘痘肌的第一步就是清理被堵住的毛孔，去角质就是方法之一。大家做过皮肤科护理后，之所以会感觉痘痘状况好转，就是因为去角质的缘故。

选择去角质产品时，最好选择不含颗粒、温和不刺激的产品，含有AHA或是BHA成分的产品也对痘痘肌有帮助。含有黏土成分的去角质产品具有减少皮脂的效果，很适合油性肌肤。

第三，适度调节皮脂分泌

用一句话来说，痘痘就是"在皮脂腺发生的毛囊炎"。过度分泌皮脂和无法排出皮脂，都是痘痘的成因，痤疮丙酸杆菌就是靠吃皮脂来繁殖的。也就是说，没有皮脂就不会有痘痘。皮肤科使用的光化学动力疗法（PDT,photodynamic therapy）和Kobayashi（小林）小针治疗就是以破坏皮脂腺的原理来治疗痘痘。只要活用这个原理就可以进行痘痘肌居家保养。平常使用含$5-\alpha$还原抑制剂（$5-\alpha$ reductase inhibitor）成分的护肤品或是去角质产品，有助于改善痘痘。

第四，使用含有杀菌成分的产品

护肤品中能抑制痤疮丙酸杆菌的代表成分就是茶树油（tea-tree oil），虽然效果比药用的过氧化苯（benzoyl peroxide）和维生素A弱，不过因为它几乎没有刺激性，每天使用也不用担心。

第五，请维持肌肤的酸碱平衡

健康肌肤的酸碱值是弱酸性（pH值4.5~5.5）的。使用普通洁面乳洗脸后，我们的肌肤都会变成偏碱性。因此，洗完脸后最好用弱酸性的化妆水或是乳液，将肌肤的酸碱值调整回弱酸性。

美肌老师的小叮咛

很多时候，导致痘痘肌恶化的"犯人"就是我们自己。因为用手挤压而导致二度感染，还制造出伤口，痘疤就是这样形成的。

可以自行挤痘痘吗?

从结论来说,把痘痘挤出来可以清除皮脂,挤出痘痘后再使用含杀菌成分的护肤品,让痤疮丙酸杆菌无法繁殖,这样不仅能有效治疗痘痘,还能镇定肌肤。

不过在家里挤痘痘时,因为没有办法确保手部的清洁与卫生,贸然去挤痘痘不仅容易使毛孔壁受伤,还会使炎症恶化,或是让其他细菌侵入毛囊内,反而可能让发炎的部位变得更大,因此,绝对不能随便用手挤痘痘。

如果一定要把痘痘挤出来,最好还是到皮肤科去,在安全卫生的环境下处理比较好。如果轻轻压就能挤出来,那么自己使用消过毒的痘痘棒轻轻按压挤出也可以,但绝对不能用力压挤。如果痘痘较大或是不太容易挤出来,还是到皮肤科去请医生处理比较恰当。

事实上,很多人都因为乱挤痘痘而留下痘疤或红红的痕迹,严重的话肌肤会变得凹凸不平。最常见的痘痘成因是无意识地用肮脏的手去挤痘痘,有时因为手碰到了旁边原本正常的肌肤,就会导致周边肌肤也出现问题,这样反而比治痘痘还耗时。

为何背部、胸口 会长痘痘？

　　背部和胸部的肌肤平时不会露出来，大家也不太在乎，但是一到了夏天，为了治疗身体的痘痘而来皮肤科就诊的人，就会急遽增加。由于平常疏于保养这些部位，很多人来就诊时肤色已经发生变化，或是痘痘已经严重到某个程度了。很多女生脸蛋白净无瑕，偏偏背上长满了痘痘，她们为此十分苦恼。

　　为什么背部会长痘痘呢？其实胸口和背上长痘痘的原因和脸上冒痘痘的原因相同。背部也和面部一样有非常多的细毛，里面一样有皮脂，当皮脂没有办法被好好地排出或是毛孔被堵住时，痘痘就会长出来。

　　该怎么保养背部和胸口呢？和脸部保养一样，背部和胸口最好每周去角质一次，以去除毛孔上堆积的老废角质和脏污。如果痘痘的情形严重，也可以先在肌肤上涂上含有水杨酸的产品或是能感光的物质后，再照射能抑制痤疮丙酸杆菌生长的光，这样也能大大改善症状。

　　平常的洗澡习惯也很重要。如果护发素中的保湿成分和油分残留在背上，就很容易引发痘痘。因此，使用护发产品后一定要用水把身体冲干净。请大家把平常对脸部投注的关心，拨出十分之一放到身体上吧。

美肌老师的小叮咛

如果在背部痘痘发炎的状态下进行日光浴，背部会因为色素沉淀而留下花花绿绿的斑点，这是因为紫外线会刺激发炎部位的色素增生。这一点请特别注意。

05

别让皮肤过度干燥，
小心引发异位性皮炎

异位性皮炎（atopic dermaitis）英文中的"atopic"这个词来自拉丁文，意思是"异常的"或"不健全的"，通常和遗传、肌肤屏障、免疫异常等有关。在成年之前，异位性皮炎主要都发生在皮肤折叠的部位（如手肘内侧、膝盖后面以及脖子后面等）；成年后，异位性皮炎也会发生在脸上，表现为皮肤干燥、有明显的角质，嘴角和眼周也会显得苍白。

异位性皮炎算是很难治愈的皮肤疾病，不过由于新药不断开发，若在治疗时辅以改善肌肤屏障，病情还是能有效控制的。在家里自我诊断或误信偏方，会更危险。干痒并不都是异位性皮炎引起的，请大家不要在家里随便给自己当医生，然后胡乱使用偏方，还是先到皮肤科确诊吧。

　　异位性皮炎的代表性特征，除了好发在皮肤折叠的部位，还有干痒症状。不过罹患异位性皮炎的人，除了有干燥症状的部位外，就连看起来不干燥的部位，肌肤屏障也有异常现象。

　　导致肌肤屏障受损最重要的原因之一，就是肌肤屏障中的神经酰胺成分减少。肌肤酸碱值上升，也是肌肤屏障损伤的重要原因。如果肌肤酸碱值变高，角质细胞间脂质合成的相关酶（B-葡糖脑苷脂酶、酸性鞘磷脂酶）就会减少，肌肤屏障机能也会跟着变弱。还有一种丝氨酸蛋白酶的活性也会不正常地增加，它会分解紧连着角质细胞的角质桥粒，使角质浮起。诱发皮炎的坏菌入侵，也会让肌肤辨别与抵抗外部细菌的能力变差。因此，异位性皮炎可说是肌肤屏障整体异常的状态。所以罹患异位性皮炎的人，一定要致力于肌肤屏障的恢复与重建。

06

如何护理异位性皮炎

* 异位性皮炎护理要点

护理要点一：慎选洁面产品

不论是洗脸还是洗澡，都最好不要使用刺激性高的肥皂，因为碱性清洁剂会破坏肌肤屏障。也不要太频繁地淋浴或泡澡。在选择洁面产品时，最好避免清洁力太强的产品，以免带走原本就不足的神经酰胺。对异位性皮炎患者来说，清洁力略差的弱酸性洁面乳是首选。

护理要点二：强化保湿

洗脸或洗澡后，应该立刻涂抹保湿产品。最好选择含有神经酰胺或是生物脂质混合物的保湿产品。从前就有这样的说法，只要解决了肌肤的干燥问题，瘙痒问题也会改善。

* 异位性皮炎患者应该坚持的生活习惯

要避免干燥的环境。干燥的环境中，皮肤水分蒸发速度加快，这会导致异位性皮炎恶化。为了预防干燥，应该随时补充水分。不觉得渴就不喝水的人，最好练习每一个小时就喝半杯或一杯水。因为当我们觉得口渴时，肌肤的水分已经开始不足了，所以一定要在觉得口渴前喝水。

尘螨也是造成异位性皮炎的原因。应该尽量避免使用容易藏匿尘螨的地毯或是毛类制品；如果要使用，则应定期在阳光下暴晒消毒。

最好在症状变严重之前就先到皮肤科就诊，如果错过最佳的治疗时间，可能会陷入恶性循环中。专业的皮肤科医师会根据患者的状况选择抗组胺药、类固醇、免疫抑制剂、干扰素或是光线治疗等。

异位性皮炎的信号

1. 神经酰胺成分减少，肌肤水分严重减少。
2. pH值上升，肌肤屏障功能减弱。
3. 因角质层的酶类异常而引发角质增生。
4. 引发炎症的细胞因子增加。
5. 因为抗菌胜肽的减少导致肌肤抵抗力变差。

使用类固醇会引发的全身或局部副作用

全身性副作用 ——○ 库欣综合征、高血糖、糖尿病、肾上腺功能抑制。

局部性副作用 ——○ 皮肤萎缩、痘痘、接触性皮炎、血管扩张、毛囊炎、皮肤溃烂、二度细菌感染、多毛症、口周皮肤炎、皮肤瘙痒、眼部并发症(白内障或青光眼)、易怒、斑状出血、潜行性真菌症、皮肤干燥、皮肤灼热感、色素沉淀、脓皮症。

美肌老师的小叮咛

　　类固醇是治疗异位性皮炎时经常使用的药物,使用得好可以说是灵丹妙药,但如果使用不当,反而会变成毒药,是种相当可怕的成分。症状严重时,建议先单次使用,长期使用不仅对皮肤不好,还会引发全身性的副作用,因此一定要按照医师的指示使用。

07

"皮肤痒"是因为过敏还是接触性皮炎?

比异位性皮炎更常见、发病范围更广的肌肤问题,是接触性皮炎(contact dermatitis)。一般因为化妆品问题而来皮肤科求助的人,几乎都是因为接触性皮炎。

接触性皮炎,顾名思义就是肌肤接触到某种物质而引发的皮炎,大致可以分成两种:刺激性接触性皮炎(irritant contact dermatitis)和过敏性接触性皮炎(allergic contact dermatitis)。此外,还有光毒性和光敏性接触性皮炎,因为这两类较少见,且发病原因复杂,本书暂不讨论这两类。

＊ 过敏还是单纯的刺激？

过敏和接触性皮炎的症状都是瘙痒，很多人会分不清。其实，只要掌握几个重点差异，就能轻松分辨这两种肌肤困扰。

所谓的过敏，是指肌肤暴露在过敏原（又称为抗原）中引发的一系列身体反应。会诱发过敏反应的物质要先记录在肌肤的免疫系统中，才会引发过敏反应。也就是说，并不是碰到这种物质就立刻会过敏。过敏的另一大特征是，就算第二次碰到这种过敏原，也要经过48个小时，才会开始产生过敏反应。

因此，平常接触到一样东西就立即有发痒的症状，并不是过敏，那只是接触到刺激物而引发的刺激性接触性皮炎。过敏还有另一个特征，那就是只要对某种物质有过敏反应，就会一辈子对该物质过敏。每个人都可能有不同的过敏原。

相反的，刺激性接触性皮炎并不会被记录在免疫系统上。因此，一次的接触发炎并不会跟着我们一辈子。而过敏原一旦被记录在免疫系统中，肌肤就会记忆它并对它做出反应，所以会困扰我们一辈子。所谓的过敏原并不适用于所有人，只适用于对该物质过敏的人。

举例来说，当出现"别人用都没关系，只有我用有问题"的状况时，可能就是那种化妆品里含有会引发过敏的成分，也可以说，它被记录在你的抗原清单里的可能性相当高。如果涂抹化妆品后，在几分钟之内立刻产生刺痛或灼热感，那就是刺激性接触性皮炎，若两天之后才出现症状，就是过敏性接触性皮炎。

化妆品中容易引发过敏反应的主要成分有防腐剂、香料与色素。其中最易引发过敏反应的常用香料有肉桂醇（cinnamic alcohol）、肉桂醛（cinnamic aldehyde）、羟基香茅醛（hydroxycytronellal）、香茅醇（geraniol）、异丁香醇（isoeusenol）和秘鲁香脂（balsam of Peru）等。由于香料的分子结构相似，容易产生交互作用，如果确认对香料过敏，最好换成不含香料的化妆品。还有用来做化妆品基底成分的羊毛脂（lanolin）、羊毛脂醇（wool alcohol）和丙二醇（propylene glycol），虽然不是常见过敏原，但还是有人会对它产生过敏反应。

接触性皮炎虽然是由多种刺激物引发的，但是最让人担心的是：发炎的部位会持续瘙痒，如果忍不住去抓它就会破坏肌肤屏障，陷入肌肤问题的恶性循环中。因此，不管再怎么痒都不能去抓。如果担心是过敏反应，不妨带着正在使用的化妆品去皮肤科求助，通过皮肤贴布测试（patch test）就能找出过敏原。

除了少数会引发过敏的成分外，护肤品中的有些成分本来就对肌肤具有一定刺激性。举例来说，去角质产品常使用的甘醇酸、水杨酸、维生素A与高浓度的维生素C，这些产品本来就有刺激性，因此在使用初期常被误认为是过敏原。只要降低浓度或使用频率，比如每隔三到四天使用一次，皮肤渐渐适应后就不会觉得刺激了。如果皮肤上有斑点，使用这些刺激性物质可能会造成色素沉淀，斑点会变得更加明显，一定要特别小心。

后记

　　历经几个月的努力终于完稿了。写书这件事情实在不像下决心那么容易。刚开始时，只想让大众了解肌肤屏障的重要性，到后来却希望能完成一本在皮肤科的前后辈眼中看来都值得称赞的书。因此，在写书的过程中，为了避免错误，我查阅了大量文献。

　　虽然不可避免地使用了很多专业术语，也担心大家会觉得"有这么多难懂的内容，要怎么读下去？"但是如果问我对这本书的期许，虽不知是否真的能如我所愿，我还是希望大家通过本书，能轻松地了解"肌肤屏障"这个多多少少有点难的内容。虽然很不好意思，但真心希望很多人能读这本书，也希望它能为大家提供一点帮助，帮大家解决肌肤与护肤品方面的困扰。

　　随着年纪的增长，要感谢的事情和人好像也在不断增加。感谢在我写书的过程中一直给予支持和鼓励的家人，以及出版社的同伴们。

　　另外，我也向以下人员及机构表示衷心的感谢：同为皮肤科医生，且是我的榜样及导师的洪昌权教授和金阳济院长，一同为中国女性的健康美丽而努力的上海首尔丽格医疗美容医院洪性范院长，以及对本书出版给予帮助的青岛出版社和北京那初商务咨询公司。

最后，谨将此书献给我亲爱的父母，虽然我有很多的不足，但是他们始终不变地呵护我、照顾我。

参考文献

Ahn SK, Bak HN, Park BD, et al. *Effects of multilamellar emulsion on glucocorticoidinduced epidermal atrophy and barrier impairment.* J Dermatol 2006

Bouwstra JA, Gooris GS, Dubbelaar FER, Weerheim A, Ljzerman AP, Ponec M. *Role of ceramide 1 in the molecular organization of the stratum cormeum lipids.* J Lipid Res 1998

Breathnach AS, Goodman T, Stolinski C, Gross M. *Freeze−fracture replication of cells of stratum corneum of human epidermis.* J Anat 1973

De Groot AC, Weyland JW, Nater JP. *Unwanted effects of cosmetics and drugs used in dermatology.* In: de Groot AC, Weyland JW, Nater JP(eds.). Elsevier, Amsterdam, 1994, 3rd. ed.

Downing DT, Stewart ME, Wertz PW. *Essential fatty acid and acne.* J Am Acad Dermatol 1986

Elias PM. *Epidermal lipids, membranes, and kertinization.* Int J Dermatol 1981

Feingold KR, Mao−Qiang M, Menon GK, Cho SS, Brown BE, Elias PM. *Cholesterol synthesis is required for cutaneous barrier function in mice.* J Clin Invest 1990

Ghadially RG, Brown BE, Hanley K, et al. *Decreased epidermal lipid synthesis accounts altered barrier functions in aged mice.* J Invest Dermatol 1996

Haratake A, Uchida Y, Schmuth M, et al. *UVB−induced alterations in permeability barrier function: roles for epidermal hyperproliferation and thymocyte−mediated response.* J Invest Dermatol 1997

Holleran WM, Mao−Qiang M, Gao WN, Menon GK, Elias PM, Feingold KR. *Sphingolipids are required for mammalian barrier function: Inhibition of sphingolipid synthesis delays barrier recovery after acute perturbation.* J Clin Invest 1991

Holleran WM, Uchida Y, Halkier−Sorensen L, Haratake A, Hara M, Epstein JH, et al. *Structural and biochemical basis for the UVB−induced alterations in epidermal barrier function.* Photodermatol Photoimmunol Photomed 1997

Imokawa G, Abe A, Jin K, Higaki Y, et al. *A decreased level of ceramides in stratum cormeum of atopic dermatitis : An etiologic factor on atopic dry skin.* J Invest Dermatol 1991

Irvine AD, McLean I. *Breaking the (un)sound barrier: Filaggrin is a major gene for atopic dermatitis.* J Invest Dermatol 2006

Katsumura Y. *Recent research and development of cosmetics for sensitive skin.* Fragrance Journal 1994

Las Norlen. *Skin barrier structure and function: The single gel phase model.* J Invest Dermatol 2001

Menon GK, Feingold KR, Elias PM. *The lamellar body secretory response to barrier disruption.* J Invest Dermatol 1992

Menon GK, Feingold KR, Mao–Qiang M, Schaude M, Elias PM. *Structural basis for the barrier abnormality following inhibition of HMG CoA reductase in murine epidermis.* J Invest Dermatol 1992

Nemes Z, Steinert PM. *Bricks and mortar of the epidermal barrier.* Exp Mol Med 1999

Rawlings AV, Harding CR. *Moisturization and skin barrier function.* Dermatol Ther 2004

Rudolph R, Kownatzki E. *Croneometric, sebumetric and TEWL measurements following the cleaning of atopic skin with a urea emulsion versus a detergent cleanser.* Contact Dermatitis 2004

Sheu HM, Su YT, Lan CC, Tsai JC. *Human sebum–from sebaceous gland to skin surface lipid film and its effects on cutaneous permeability barrier and drug transport across the stratum corneum.* J Skin Barrier Res 2007

Stingl G, Maurer D, Hauser C, et al. *The epidermis: an immunologic microenvironment.* In:Freedberg IM, Eisen AZ, Wolff K, et al. (eds). Fitzpatrick's Dermatology in General Medicine, vol 1. New York: McGraw–Hill 1999

Strauss JS, Downing DT, Ebling FB, Stewart ME. Sebaceous Gland, Goldsmith, LA, editor. *Physiology, Biochemistry, and Molecular Biology of the Skin.* 2nd Edition. New York; Oxford University Press; 1991

Yamamoto A, Takenouchi K, Ito M. *Impaired water barrier function in acne vulgaris.* Arch Dermatol Res 1995

图书在版编目（ＣＩＰ）数据

皮肤的抗议书 / 安建荣著. -- 青岛 : 青岛出版社,2018.6

ISBN 978-7-5552-7314-1

Ⅰ.①皮… Ⅱ.①安… Ⅲ.①皮肤－护理－基本知识 Ⅳ.①TS974.11

中国版本图书馆CIP数据核字(2018)第142360号

书　　　名	皮肤的抗议书	
著　　　者	安建荣	
出 版 发 行	青岛出版社	
社　　　址	青岛市海尔路182号（266061）	
本 社 网 址	http://www.qdpub.com	
邮 购 电 话	13335059110　0532-85814750（传真）　0532-68068026	
策 划 组 稿	刘海波　纪承志	
责 任 编 辑	曲　静	
封 面 设 计	丁文娟	
设 计 制 作	张　骏	
印　　　刷	青岛新华印刷有限公司	
出 版 日 期	2018年7月第1版　2018年7月第1次印刷	
开　　　本	16开（710毫米×1010毫米）	
印　　　张	11.5	
印　　　数	1-6000	
图　　　数	88	
书　　　号	ISBN 978-7-5552-7314-1	
定　　　价	39.80元	

编校质量、盗版监督服务电话　4006532017　0532-68068638

建议陈列类别：美容类